Lothar Selle
Primzahlen
Häufigkeit und Eigenschaften von Gruppierungen
Datenbasis: Erste 50.000.000 Primzahlen

Lothar Selle

Primzahlen
Häufigkeit und Eigenschaften von Gruppierungen
Datenbasis: Erste 50.000.000 Primzahlen

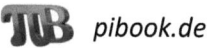 pibook.de

Bibliografische Information der Deutschen Nationalbibliothek:
Die Deutsche Nationalbibliothek verzeichnet diese Publikation in der Deutschen Nationalbibliografie; detaillierte bibliografische Daten sind im Internet über

http://dnb.dnb.de

abrufbar.

© 2016 Lothar Selle
Herstellung und Verlag:
BoD – Books on Demand, Norderstedt

ISBN: 978-3-7412-2456-0

Vorwort

Bei meinen Arbeiten zur Erstellung von langen Listen pythagoreischer Zahlentripel und ihrer Untersuchung traten die Primzahlen als Randproblem auf. Im Verlaufe dieser Arbeiten kam ich zu dem Entschluss das Thema Primzahlen mit ähnlicher Zielsetzung, aber eigenständig zu behandeln.

Mein Blick konzentrierte sich deshalb vor allem auf die unregelmäßige Verteilung der Primzahlen, weil diese auffällige Ähnlichkeiten zur Verteilung der pythagoreischen Zahlen zeigt.

Dabei habe ich insbesondere auch pythagoreische Primzahlen (Primzahlen erster Art) betrachtet, weil diese sehr schnell — unabhängig von ihrer Größe in ca. 0,5 ms(!) — aus einer (vollständigen!) Liste primitiver pythagoreischer Tripel separiert werden können. Und Listen solcher Tripel lassen sich unvergleichlich viel schneller erstellen als Primzahllisten!

In dieser Arbeit stelle ich aber vor allem dar, welchen Gesetzmäßigkeiten die Abstände der Primzahlen, die (kleineren) Lücken und die Bildungen von Gruppierungen folgen.

Den Mathematiker mag es amüsieren, dass ich jede noch so kleine Erkenntnis als ‚Satz' formuliere. Dies erleichtert mir vielfach die Darstellung und hoffentlich auch das Nachvollziehen der logischen Schritte.

Für die kontinuierliche Optimierung meiner Hardware und unermüdliche Internetrecherche danke ich meinen Söhnen Sven und Finn. Ihre Unterstützung bei der Aufnahme und Bearbeitung von umfangreichen Primzahllisten aus dem Internet war für mich sehr hilfreich.

Ganz besonders danke ich meiner Ehefrau, die mir während der Arbeit an diesen beiden Themen über viele Jahre hinweg Verpflichtungen abgenommen hat.

Bad Berleburg
Im Juni 2016

        Lothar Selle

Hinweise zur Gestaltung

Um das schnelle Auffinden der gewünschten Informationen zu unterstützen und bestimmte Inhalte angemessen hervorzuheben wurden bevorzugt die folgenden Darstellungen gewählt:

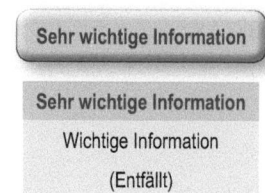

	Sehr wichtige Information
	Wichtige Information
oder	(Entfällt)

Textverweise

Abschnittstitel in Textverweisen sowie Verweise auf Graphen- und Tabellen-Nummern sind durch Satz in *grau und kursiv* hervorgehoben.

Kennzeichnungen

(D...)   Nummerierte Definition
(S...)   Nummerierter Satz
(S...)*   Nummerierte Vermutung

Fußnotennummerierung

Um Verwechslungen mit Exponenten zu vermeiden sind die Zahlen der Fußnotennummerierung *grau und kursiv* gesetzt.

Fußnoten in Tabellen erscheinen direkt unterhalb der Tabelle(!) und sind unabhängig von den normalen Fußnoten nummeriert. Sie sind ebenfalls *grau und kursiv* gesetzt.

Hinweise zur Organisation

Der Anhang enthält Verzeichnisse aller
    Graphen und
    Tabellen

Im Sachwortregister sind wichtige Informationen in separate Unterlisten zusammengefasst unter den Stichwörtern

    Definitionen und
    Sätze

Inhalt

1 Grundlagen 4
1.1 Definitionen und Bezeichnungen.... 4
1.1.1 Symbole für Primzahlmengen 4
1.1.2 Bezeichnungen 4
1.1.3 Definitionen 4
1.2 Sätze 5
1.2.1 Sätze zu Primzahlen 5
1.2.2 Sätze zur Teilbarkeit 5
1.3 Einschränkungen für Primzahlen ... 6
1.3.1 Einschränkungen für den Abstand 6
1.3.2 Einschränkungen für die letzte Ziffer 6
1.3.3 Allgemeine Form von Primzahlen 6
1.4 Formeln für Primzahlen 7
1.5 Pythagoreische Primzahlen 7

2 Erste Primzahllisten-Auswertung 8
2.1 Häufigkeit der Primzahlen 8
2.1.1 Zum Primzahlsatz 8
2.1.2 Vergleich der Häufigkeit
        der Primzahlarten 9
2.2 Relative Primzahlgröße 10

3 Primzahlgruppierungen 11
3.1 Abstände der Primzahlen 11
3.1.1 Maximale Lücke zwischen Primzahlen ... 11
3.1.2 Erstmalig auftretender Abstand
        zwischen benachbarten Primzahlen 12
**3.2 Äquidistante
      Primzahlgruppierungen 15**
3.2.1 Namen äquidistanter
        Primzahlgruppierungen 15
3.2.2 Primzahlpaare 16
3.2.3 Einschränkungen für
        äquidistante Primzahlgruppierungen 18
3.2.3.1 Einschränkungen für Primzahlpaare 18
3.2.3.1.1 Einschränkung für den Abstand in Paaren.... 18
3.2.3.1.2 Einschränkungen für
          die letzten Ziffern in Paaren 18
3.2.3.2 Einschränkungen für Primzahltrios 19
3.2.3.2.1 Einschränkung für den Abstand in Trios 19
3.2.3.2.2 Einschränkungen für
          die letzten Ziffern in Trios 19
3.2.3.3 Einschränkungen für Primzahlquartette ... 20
3.2.3.3.1 Einschränkung für den Abstand in Quartetten 20
3.2.3.3.2 Einschränkungen für
          die letzten Ziffern in Quartetten 20
3.2.3.4 Einschränkungen für
        Primzahlquintette und -sextette 21
3.2.3.4.1 Einschränkungen für
          den Abstand in Quintetten und Sextetten 21
3.2.3.4.2 Einschränkungen für die
          letzten Ziffern in Quintetten und Sextetten 21
3.2.3.5 Einschränkungen für Septette, Oktette,
        Nonette und 10er-Gruppierungen 22
3.2.3.5.1 Einschränkungen für den Abstand............. 22
3.2.3.5.2 Einschränkungen für die letzten Ziffern 22
3.2.3.6 Einschränkungen für 11er- und 12er-
        Gruppierungen.. 22
3.2.3.6.1 Einschränkungen für den Abstand............. 22
3.2.3.6.2 Einschränkungen für die letzten Ziffern 22
3.2.3.7 Einschränkungen für Primzahl-g-
        Gruppierungen.. 22
3.2.3.7.1 Einschränkung für
          den Abstand in g-Gruppierungen 22
3.2.3.7.2 Einschränkungen für
          die letzten Ziffern in g-Gruppierungen 22
3.2.4 Anzahl der Primzahlen in
        äquidistanten Gruppierungen 22
3.2.5 Erstmalig auftretender Abstand
        in äquidistanten Primzahlgruppierungen. 23

3.2.6	Varianten äquidistanter Primzahlgruppierungen 26	3.4	**Primzahlgruppierungen beliebiger Form** **44**
3.2.7	Äquidistante Gruppierungen von pythagoreischen Primzahlen................... 29	3.4.1	Einschränkungen für Primzahlgruppierungen......................... 44
3.2.7.1	5er-Gruppierungen von pythagoreischen Primzahlen... 29	3.4.1.1	Einschränkungen aufgrund der Teilbarkeit einer Zahl 44
3.2.7.2	6er-Gruppierungen von pythagoreischen Primzahlen... 29	3.4.1.2	Einschränkungen aufgrund der Endziffer 5 44
3.2.8	Zählung der Primzahlgruppierungen....... 30	3.4.2	Dreiergruppierungen von Primzahlen 45
3.2.8.1	Anzahlen von Primzahlpaaren................. 30	3.4.2.1	Allgemeine Form von Dreiergruppierungen 45
3.2.8.2	Anzahlen von Trios, Quartetten, Quintetten und Sextetten 31	3.4.2.2	Einschränkungen für Dreiergruppierungen 45
3.2.9	Summe der Primzahlen von äquidistanten Gruppierungen................... 35	3.4.2.2.1	Einschränkung aufgrund von Teilbarkeit durch 3 45
3.2.9.1	Summe von Primzahlpaaren 35	3.4.2.2.2	Einschränkung aufgrund der Endziffer 5 46
3.2.9.2	Summe von Primzahltrios........................ 36	3.4.2.3	Zählung von Dreiergruppierungen........... 46
3.2.9.3	Summe von Primzahlquartetten 36	3.4.3	Vierergruppierungen von Primzahlen 47
3.2.9.4	Summe von Primzahlquintetten............... 36	3.4.3.1	Allgemeine Form von Vierergruppierungen 47
3.2.9.5	Summe von Primzahlsextetten................ 36	3.4.3.2	Einschränkungen für Vierergruppierungen 47
3.2.9.6	Summe von Primzahlseptetten, -oktetten, -nonetten und -10er-Gruppierungen 36	3.4.3.2.1	Einschränkung aufgrund von Teilbarkeit durch 3 47
3.3	**Primzahlmehrlinge** **37**	3.4.3.2.2	Einschränkung aufgrund der Endziffer 5 47
3.3.1	Namen von Primzahlmehrlingen............. 37	3.4.3.3	Zählung von Vierergruppierungen........... 48
3.3.2	Einschränkungen für Primzahlmehrlinge 37	3.4.4	Fünfergruppierungen von Primzahlen..... 49
3.3.2.1	Definitionsbedingte Einschränkungen für Mehrlinge... 37	3.4.4.1	Allgemeine Form von Fünfergruppierungen 49
3.3.2.2	Einschränkungen für die letzten Ziffern von Mehrlingen 38	3.4.4.2	Einschränkungen für Fünfergruppierungen 49
3.3.3	Beispiele für Primzahlmehrlinge 39	3.4.4.2.1	Einschränkung aufgrund von Teilbarkeit durch 3 49
3.3.3.1	30 Primzahlzwillinge................................ 39	3.4.4.2.2	Einschränkung aufgrund von Teilbarkeit durch 5 49
3.3.3.2	30 Primzahldrillinge................................. 39	3.4.4.2.3	Einschränkung aufgrund der Endziffer 5 50
3.3.3.3	15 Primzahlvierlinge................................ 39	3.4.4.3	Zählung von Fünfergruppierungen 51
3.3.3.4	30 Primzahlfünflinge................................ 40	3.4.5	Primzahlfamilien...................................... 54
3.3.3.5	Primzahlmehrling-Sonderfälle 40		
3.3.4	Häufigkeit der Primzahlmehrlinge 41	**ANHANG**	**55**
3.3.4.1	Anzahlen von Primzahlmehrlingen 41		
3.3.4.2	Schätzung der Anzahl der Primzahlzwillinge... 41	**Abkürzungen**...**55**
3.3.5	Besonderheiten von Primzahlmehrlingen 42	**Literatur**...**56**
3.3.5.1	Summe der Primzahlen von Mehrlingen .. 42	Bücher 56
3.3.5.1.1	Summe von Primzahlzwillingen............... 42	Internet 56
3.3.5.1.2	Summe von Primzahldrillingen................ 42	**Verzeichnisse**...**57**
3.3.5.1.3	Summe von Primzahlvierlingen............... 42	Graphen 57
3.3.5.1.4	Summe von Primzahlfünflingen............... 42	Tabellen 58
3.3.5.2	Summe der Kehrwerte von Primzahlzwillingen 43	Sachwortregister 59

1 Grundlagen

1.1 Definitionen und Bezeichnungen

1.1.1 Symbole für Primzahlmengen

$\mathbb{P}$ Primzahlen, ↪(D3)
(D1) $\mathbb{P}_1$ **Primzahlen erster Art** $\{p \in \mathbb{P} \mid p = 4k + 1, k \in \mathbb{N}\}$ oder **pythagoreische Primzahlen**,[1] kurz **pP**
(D2) $\mathbb{P}_2$ **Primzahlen zweiter Art**[2] $\{p \in \mathbb{P} \mid p = 4k - 1, k \in \mathbb{N}\}$

1.1.2 Bezeichnungen

(D3)   Eine **Primzahl p** ist eine natürliche Zahl, die nur durch 1 und sich selbst teilbar ist. In diesem Fall bezeichnet man die Zahl als **prim**.

(D4)   Eine **zusammengesetzte Zahl** ist eine natürliche Zahl, die nicht **prim** ist.

(D5)   Eine zusammengesetzte Zahl m heißt **Pseudoprimzahl** zur Basis a, wenn für sie ein $a \geq 2$ existiert, für welches gilt: $\neg a \equiv 1 \pmod{m}$, $a^{m-1} \equiv 1 \pmod{p}$.   (Kongruenzrelation $\equiv$ ↪(D13))

(D6)   Eine zusammengesetzte Zahl m heißt **Carmichael-Zahl**, wenn für alle zu m teilfremden $a \geq 2$ gilt: $\neg a \equiv 1 \pmod{m}$, $a^{m-1} \equiv 1 \pmod{p}$.

(D7)   **Primzahlfunktion** $\pi(x) :=$ Anzahl der Primzahlen $p \leq x$.[3]

(D8)   Eine Gruppierung von Primzahlen p_i gleicher Art bezeichnen wir als **homogen**, d. h. $p_i \in \mathbb{P}_1$ oder $p_i \in \mathbb{P}_2$.

(D9)   Eine Gruppierung von Primzahlen p_i unterschiedlicher Art bezeichnen wir als **inhomogen**.

1.1.3 Definitionen

(D10)   Eine natürliche Zahl t ist genau dann **Teiler** einer natürlichen Zahl n, wenn es eine natürliche Zahl q gibt: $q \cdot t = n$ Symbolisch: $t \mid n$ (t teilt n)
Es gilt allgemein: $1 \mid n$, $n \mid n$, $t \mid 0$

(D11)   Das Produkt der ersten n natürlichen Zahlen heißt **Fakultät**, symbolisch: $n! := 1 \cdot 2 \cdot \ldots \cdot n$

(D12)   Als **Rest r** wird die (natürliche) Zahl bezeichnet, die beim Teilen einer natürlichen Zahl n durch eine natürliche Zahl t neben dem (ganzzahligen) Ergebnis q übrig bleibt, wenn $0 \leq r < t$ (dadurch eindeutig). Schreibweise: $n \bmod t = r$ Formeldarstellung: $n = q \cdot t + r$

Beschränkt sich das Interesse auf Zahlen, die bei der Teilung den **gleichen Rest** lassen, dann benutzt man die **Kongruenzrelation**. Diese wird auf folgender Grundlage definiert:

(D13)   Wenn zwei natürliche Zahlen a und b bei der Teilung durch eine natürliche Zahl m den gleichen Rest lassen, dann ergibt die Teilung der Differenz $a - b$ durch m den Rest 0, d. h. $m \mid (a - b)$. In diesem Fall sagt man: a ist **kongruent** b **modulo** m und schreibt

$$a \equiv b \pmod{m}$$

Darin bezeichnet man m als **Modul**. Übersetzt in die Formelschreibweise:

$$a - i \cdot m = r = b - j \cdot m \;\Leftrightarrow\; a - b = (i - j) \cdot m \;\Leftrightarrow\; m \mid (a - b) \qquad i, j \in \mathbb{N}_0$$

(D14)   Wir definieren die **Primzahlfakultät**: $p!! := 2 \cdot 3 \cdot \ldots \cdot p$ Produkt aller Primzahlen $\leq p$

---

[1] ↪*http://oeis.org*; ↪Satz **(S18.1)**.
[2] Für die Untersuchung der Möglichkeiten zur Zerlegungen von Primzahlen in eine Summe von **drei** Quadraten ist eine feinere Unterteilung der Primzahlen $p > 7$ mit p modulo 8 in die Formen $8k + 1$, $8k + 3$, $8k + 5$ und $8k + 7$, $k \in \mathbb{N}$, erforderlich; ↪*Selle*: [L13], Vermutung **(S4.11)***.
[3] $\pi(x)$ steht im ↪**Primzahlsatz (S2)** symbolisch für die (analytisch unbekannte) Funktion der Anzahl der Primzahlen.

1.2 Sätze

1.2.1 Sätze zu Primzahlen

(S1) **Hauptsatz der Elementaren Zahlentheorie:** Jede natürliche Zahl $n > 1$ besitzt — abgesehen von der Reihenfolge der Faktoren — genau eine **Primfaktorzerlegung**.[4]

(S2) **Großer Primzahlsatz**[5] $$\lim_{x \to \infty} \frac{\pi(x)}{\frac{x}{\ln x}} = 1$$

Beachte
Der Quotient $x/\ln x$ konvergiert nicht absolut gegen $\pi(x)$, sondern nur relativ; die **Absolutwerte divergieren** (⇨ Graph 1)!

(S3) **Kleiner Satz von *Fermat*:** Für $p \in \mathbb{P}$ und $\neg\, p\,|\,a$ gilt: $\qquad a^{p-1} \equiv 1 \pmod{p}$

(S4) Für jede natürliche Zahl $n \geq 3$ gibt es mindestens eine **Primzahl** $p: n < p < n!$.[6]

(S5) Für jede natürliche Zahl $n \geq 2$ gibt es mindestens eine **Primzahl** $p: n \leq p \leq 2n$.[7]

(S6) **Satz von *Euklid*[8]:** Es gibt unendlich viele **Primzahlen**.

(S7) Es gibt keine **größte Primzahl**.[9]

(S8) Zu jeder Zahl n gibt es mindestens n **aufeinander folgende zusammengesetzte Zahlen**, d.h. es gibt keine obere Schranke für den **Abstand von Primzahlen**.[10]

1.2.2 Sätze zur Teilbarkeit

(S9) **Division mit Rest**[11]: Für jedes Paar von natürlichen Zahlen $n \in \mathbb{N}_0$ und $t \in \mathbb{N}$ gibt es eindeutig bestimmte natürliche Zahlen q und r, für die gilt:
$$n = q \cdot t + r \qquad\qquad 0 \leq r < t$$

(S10) **Lemma von *Bachet*[12]:** Für jedes Paar natürlicher Zahlen a und b gibt es zwei ganze Zahlen x und y, für die gilt: $\qquad \mathrm{ggT}(a,b) = x \cdot a + y \cdot b$

(S11) **Primzahlkriterien:** Eine natürliche Zahl $p > 1$ ist genau dann eine Primzahl, wenn für alle $a,b \in \mathbb{N}$ gilt[13]: Aus $p\,|\,a \cdot b$ folgt $p\,|\,a$ oder $p\,|\,b$

Satz von *Wilson*: oder wenn $\qquad (p-1)! \equiv -1 \pmod{p}$.

Wenn t Teiler von n ist, dann kann n so dargestellt werden:
$$n = t \cdot g \qquad g,n,t \in \mathbb{N}$$
Wir wählen o. B. d. A. $\qquad t \leq g \qquad$ also $\qquad t^2 \leq n \leq g^2 \qquad$ bzw. $\qquad t \leq \sqrt{n} \leq g$.

Die Primfaktorzerlegung einer Zahl ist nach Satz (S1) eindeutig. Deshalb kann die **Teilbarkeitsprüfung** auf **Primzahlen** beschränkt werden:

(S12) Zur **vollständigen Teilbarkeitsprüfung einer Zahl** $n \in \mathbb{N}$ ist die Beschränkung auf Primzahlen t zulässig, für die gilt: $\qquad t \leq \sqrt{n} \qquad\qquad t \in \mathbb{P}$

---

4 Zum Beweis ⇨ *Padberg*: [L3], Kapitel IV, Satz 2.
5 Dies ist eine Aussage über die Häufigkeit von Primzahlen, also über die Werte der in (D7) definierten **Primzahlfunktion** $\pi(x)$. C. F. *Gauß* hat bereits 1792 (mit 15 Jahren!) eine erste Verteilungsfunktion für die Primzahlen angegeben. Beweis des Primzahlsatzes 1896 von Jacques *Hadamard* und Charles de la *Vallée-Poussin* unabhängig voneinander. Abweichung des Quotienten $x/\ln x$ von der Primzahlfunktion $\pi(x)$ ⇨ 2.1 *Häufigkeit der Primzahlen*.
6 ⇨ *Padberg*: [L3], Kapitel III, Satz 5.
7 Dies ist das Postulat von Beetand; ⇨ *Scheid*: [L8], Stichwort ‚Primzahl'.
8 Dies folgt aus Satz (S4) oder Satz (S5). *Euklids* Beweis ⇨ *Ziegenbalg*: [L5], Satz 4.1.
9 Dies folgt aus Satz (S4) oder Satz (S5). ⇨ Graphen 4 – 7 in 2.2 *Relative Primzahlgröße*.
10 ⇨ *Ziegenbalg*: [L5], Satz 4.10, ⇨ *Padberg*: [L3], Kapitel III, Satz 4.
11 Zwei Beweise ⇨ *Ziegenbalg*: [L5], Satz 2.1.
12 Beweis ⇨ *Ziegenbalg*: [L5], Folgerung aus Satz 3.4.
13 Lemma von *Euklid*. Beweise ⇨ *Padberg*: [L3], Kapitel IV, Satz 6, ⇨ *Ziegenbalg*: [L5], Satz 4.2.

1.3 Einschränkungen für Primzahlen

1.3.1 Einschränkungen für den Abstand

(S13.1) Der **Abstand von Primzahlen** $p > 2$ ist stets gerade.[14]

(S13.2) Der Abstand von Primzahlen gleicher Art hat die allgemeine Form $\Delta p = 4k$, $k \in \mathbb{N}$,
Der Abstand von Primzahlen unterschiedlicher Art hat die Form $\Delta p = 2\cdot(2k+1)$, $k \in \mathbb{N}$.

1.3.2 Einschränkungen für die letzte Ziffer

(S14.1) **Letzte Ziffer von 2^n**:
Zyklisch ...2, ...4, ...8, ...6

(S14.2) **Letzte Ziffer von 3^n**:
Zyklisch ...3, ...9, ...7, ...1

Primzahlen $p > 5$ sind stets ungerade und nicht teilbar durch 5. Daraus folgen Einschränkungen für die letzte Ziffer von **Primzahlen $p > 5$ und ihren Produkten**:

(S14.3) **Letzte Ziffern von**
$$5^n = \frac{10^n}{2^n} \quad n$$

Stets	...5	>0
Stets	...25	>1
Abwechselnd	...125	>2
	...625	
Zyklisch	...3.125	>4
	...5.625	
	...8.125	
	...0.625	
Zyklisch	...53.125	>8
	...65.625	
	...28.125	
	...40.625	
	...03.125	
	...15.625	
	...78.125	
	...90.625	

Satz	p_j^i, $5 < p_j \in \mathbb{P}$	Letzte Ziffern	Satz folgt aus ...
(S15.1)	p	...1, ...3, ...7, ...9	p ungerade, $\neg\, 5\,|\,p$
(S15.2)	p^2	...1, —, —, ...9	(S15.1)
(S15.3)	p^3	...1, ...3, ...7, ...9	(S15.1), (S15.2)
(S15.4)	p^4	...1, —, —, —	(S15.2)
(S15.5)	p^{2n}, $n \in \mathbb{N}$	...1, —, —, ...9	(S15.2), (S15.4)
(S15.6)	p^{4n}, $n \in \mathbb{N}$	...1, —, —, —	(S15.4)
(S15.7)	p^{4n+1}, $n \in \mathbb{N}_0$	...1, ...3, ...7, ...9	(S15.4), (S15.1)
(S15.8)	p^{4n+2}, $n \in \mathbb{N}_0$	...1, —, —, ...9	(S15.4), (S15.2)
(S15.9)	p^{4n+3}, $n \in \mathbb{N}_0$	...1, ...3, ...7, ...9	(S15.4), (S15.3)
(S15.10)	$p_1 \cdot p_2$	...1, ...3, ...7, ...9	(S15.1)
(S15.11)	$(p_1 \cdot p_2)^{2n}$, $n \in \mathbb{N}_0$	...1, —, —, ...9	(S15.10)
(S15.12)	$(p_1 \cdot p_2)^{4n}$, $n \in \mathbb{N}_0$	...1, —, —, —	(S15.11)

1.3.3 Allgemeine Form von Primzahlen

(S16.1) Primzahlen $p > 2$ sind stets ungerade und haben die allgemeine Form: $p = 2k \pm 1$, $k \in \mathbb{N}$

(S16.2) Für alle Primzahlen $p > 2$ gilt auch[15]: $p = 4m \pm 1$, $m \in \mathbb{N}$, $4m+1 = p \in \mathbb{P}_1$, $4m-1 = p \in \mathbb{P}_2$

(S16.3) Eine dritte allgemeine Form von Primzahlen $3 < p \in \mathbb{P}$ ist[16]: $p = 6n \pm 1$ $\quad n \in \mathbb{N}$

Mit $m = 3k$ und $n = 2k$ beschreiben die Formeln der Sätze (S16.1), (S16.2) und (S16.3) für ein bestimmtes k die gleiche Primzahl. Sie lassen sich zusammenfassen:

(S16.4) Alle Primzahlen haben die allgemeine Form[17]: $p = 2f \cdot g \pm 1$, $f \in \{1; 2; 3\}$, $g \in \mathbb{N}$

(S16.5) **Allgemeine Form von Primzahlen** $p > p_1 > 2$; $p, p_1 \in \mathbb{P}$[18]: $p = k \cdot p_1 + d$; $d < \frac{1}{2} p_1$; $d, k \in \mathbb{N}$
Beispiel: Mit $p_1 = 7$ ist $d < \frac{1}{2} \cdot 7 = 3{,}5$, also $p = 7k \pm d$, $d \leq 3$.

(S17) Jedes **Quadrat einer Primzahl** $p > 2$ hat die allgemeine Form: $p^2 = 8k + 1$, $k \in \mathbb{N}$
Für $p \in \mathbb{P}_1$ oder $p \in \mathbb{P}_2$ gilt: $(4n \pm 1)^2 = 16n^2 \pm 8n + 1 = 8 \cdot (2n^2 \pm n) + 1 = 8k + 1$

---

[14] Aus ungeradem Abstand zweier Zahlen folgt, dass eine der beiden Zahlen gerade ist. Die Einschränkung $p > 2$ schließt das Primzahlpaar (2; 3) aus, in welchem 2 gerade und gemäß Definition (D3) trotzdem prim ist.

[15] Alle natürlichen Zahlen lassen sich in der Form $p = 4m + d$ darstellen mit $d, m \in \mathbb{N}_0$.
p ist für $d = 0$ und $d = 2$ gerade. Also verbleiben für Primzahlen $p > 2$ nur $d = 1$ oder $d = 3$.
Wegen $4m + 3 = 4(m+1) - 1$ schreibt man kurz $p = 4m \pm 1$.

[16] Auch mit $p = 6n \pm d$, $d, n \in \mathbb{N}_0$, lassen sich alle natürlichen Zahlen beschreiben. Für Primzahlen verbleiben wegen $6\,|\,6n \pm 0$, $2\,|\,6n \pm 2$, $3\,|\,6n \pm 3$, $2\,|\,6n \pm 4$ nur die beiden Varianten $p = 6n + 1$ und $p = 6n - 1$.

[17] **Beachte**: Eine ungerade Zahl, die sich in dieser Form nicht mit $f = 2$ **und** $f = 3$ darstellen lässt, ist **nicht prim**!

[18] Erläuterung: Alle Vielfachen einer Primzahl sind zusammengesetzt. Jede Primzahl liegt also zwischen bestimmten Vielfachen kleinerer Primzahlen, d. h. $d \leq p_i$. Weil die Formel sowohl ‚+' als auch ‚–' enthält, kann d eingeschränkt werden auf $d \leq \frac{1}{2} p_i$.

1.4 Formeln für Primzahlen

Das Polynom $P(x) = a \cdot x + b$ $\quad a,b \in \mathbb{N}; x \in \mathbb{N}_0; (a, b)$ teilerfremd
liefert unendlich oft (aber nicht ausschließlich) Primzahlen als Funktionswerte.[19] Dies gilt sogar für jedes beliebige Polynom[20] vom Grad $n \geq 1$

$$P(x) = a_n \cdot x^n + a^{n-1} \cdot x_{n-1} + \ldots + a_1 \cdot x_1 + a_0 \qquad a_i, x \in \mathbb{Z}, i = 0, 1, \ldots, n$$

Mit den folgenden drei Formeln findet man im angegebenen Bereich stets Primzahlen:

Von Leonhard *Euler*:	$f_n = n^2 - 79n + 1.601$	$n \leq 79$
	$f_n = n^2 + n + 41$	$n < 40$
Fermat-Zahlen	$f_n = 2^{2^n} + 1$	$n \leq 4$

Allgemeine Form spezieller Primzahlen:

Pythagoreische Primzahlen[21]	$c = y^2 + z^2$	$y,z \in \mathbb{N}$; teilerfremd und von ungleicher Parität[22]
Mersenne-Primzahlen[23]	$m = 2^p - 1$	$m,p \in \mathbb{P}$
Sophie-Germain-Primzahlen	$q = 2p + 1$	$p,q \in \mathbb{P}$
Primzahlzwillinge[24]	$(p, p+2) = (2k-1, 2k+1)$	$k \in \mathbb{N}$
	$= (4m-1, 4m+1)$	$m \in \mathbb{N}$
	$= (6n-1, 6n+1)$	$n \in \mathbb{N}$

1.5 Pythagoreische Primzahlen

(S18.1) Jede **pythagoreische Primzahl** c_i ist Hypotenuse eines **primitiven pythagoreischen Tripels**, kurz **ppT**, deren Hypotenusen-Abstände zu den Nachbartripeln $c_i - c_{i-1} > 0$ und $c_{i+1} - c_i > 0$ sind.[25]

(S18.2) Jede **Hypotenuse** c eines primitiven pythagoreischen Tripels ist eine **pythagoreische Primzahl** oder ein **Produkt solcher**.

(S18.3) Eine Hypotenuse der Form $c = p_1^{f_1} \cdot p_2^{f_2} \cdot \ldots \cdot p_s^{f_s}$, $p_i \in \mathbb{P}_1$, gehört zu einem **Cluster** von primitiven pythagoreischen Tripeln der Länge $L = 2^{s-1}$ ppT.[26]

---

[19] Drei konkrete Beispiele ↗1.3.3 *Allgemeine Form von Primzahlen*, Sätze **(S16.1)**, **(S16.2)** und **(S16.3)**.
[20] Beweis ↗*Padberg*: [L3], Kapitel III, Satz 3.
[21] ↗Satz **(S18.1)**. ↗*http://oeis.org*; ↗*Selle*: [L13], Satz **(S4.1)**. Die Formel generiert Hypotenusen von **primitiven pythagoreischen Tripeln**, ca. 13% davon enthalten nur einen einzigen Primfaktor.
[22] **Ungleiche Parität** bedeutet: Ein Parameter ist gerade, der andere ungerade.
[23] Die Formel dient zur schnellen Suche nach großen Primzahlen. Sie liefert nicht ausschließlich Primzahlen.
[24] ↗Satz **(S41)**.
[25] ↗*http://oeis.org*; ↗*Selle*: [L13], Sätze **(S12.1)**, **(S12.7)**, **(S12.8)** und **(S12.9)**.
Satz **(S18.1)** wird durch die Analyse der ersten 1.041.699.957 sowie weiterer 1.105.767.190 ppT mit Hypotenusen $c \leq 35.389.175.273$ bestätigt.
Ein **pythagoreisches Tripel** (a, b, c) erfüllt den **Satz des Pythagoras**: $a^2 + b^2 = c^2$; $a,b,c \in \mathbb{N}$. Als **primitiv** wird es bezeichnet, wenn es teilerfremd ist.
Weil alle Hypotenusen nicht geclusterter ppT (das sind Hypotenusen, deren Abstand zu beiden Nachbarhypotenusen >0 ist) Potenzen einer einzigen pP sind, lassen sich **pP sehr schnell auflisten**, ↗Einleitung zu Kapitel 2 *Erste Primzahllisten-Auswertung*.
[26] ↗*Beiler*: [L12], S. 117. Eine ppT-Gruppe bezeichnen wir als **Cluster**, wenn ihre Hypotenusen gleich groß sind.

2 Erste Primzahllisten-Auswertung

Für die vorliegende Untersuchung wurden lückenlose Listen erstellt
mit den ersten 20.622.686 Primzahlen, $p < 385.875.929$[1]
und mit 21.336.514 pythagoreischen Primzahlen, $34.353.304.409 \leq p \leq 35.389.175.209$[2]
Diese wurden analysiert. Im Internet werden unter
http://primes.utm.edu die **ersten 50.000.000 Primzahlen**, $p \leq 982.451.653$ und unter
www.bigprimes.net die **ersten 1.399.999.900 Primzahlen**, $p \leq 32.416.187.563$
zur Verfügung gestellt. Davon wurden die ersten 50.000.000 Primzahlen untersucht, in Einzelfällen alle.

In 3 PRIMZAHLGRUPPIERUNGEN ist der Blick auf **Gruppierungen aufeinander folgender Primzahlen** gerichtet, und zwar auch auf **homogene** Gruppierungen aufeinander folgender pythagoreischer Primzahlen und Gruppierungen mit bis zu 5 Gruppenmitgliedern mit **unterschiedlichem Abstand**. Gruppierungen mit Abständen $\Delta p \leq 12$ wurden konkret gezählt.

Die Primzahlen dieser Listen sind verschwindend klein im Vergleich zur größten Primzahl, die am 7.01.2016 gefunden wurde, eine Zahl mit 22.338.618 Ziffern[3]:
$$2^{74.207.281} - 1$$

2.1 Häufigkeit der Primzahlen
2.1.1 Zum Primzahlsatz

Die **Anzahl der Primzahlen** $\leq x$ ist durch die (analytisch unbekannte) ✍**Primzahlfunktion** $\pi(x)$ symbolisch gegeben. Diese Funktion ‚zählt', wie viele Primzahlen $p \leq x$ existieren. Der ✍**Primzahlsatz (S2)** gibt eine grobe Näherung für die Werte der Primzahlfunktion.

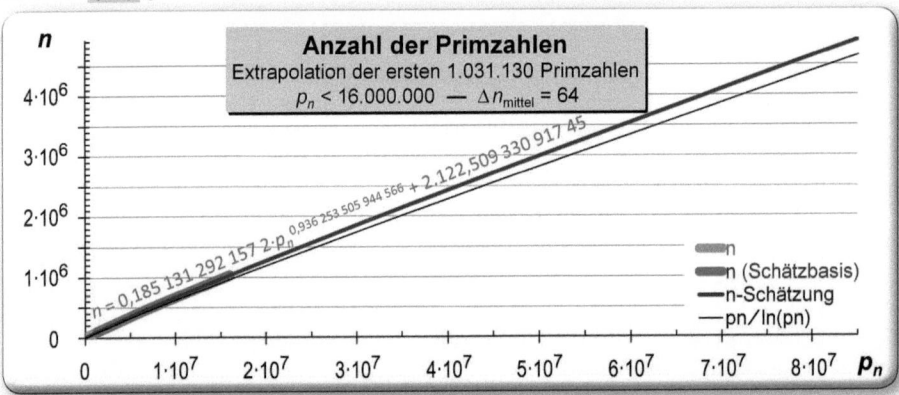

Graph 1: Primzahlsatz und Anzahl n der Primzahlen für $p_n < 16.000.000$

Beachte
Der **Quotient** $p_n/\ln p_n$ des **Primzahlsatzes** bietet keine gute **Näherung für die Primzahlfunktion**, denn nur sein relativer Fehler nähert sich Null, sein **absoluter Fehler wächst** (✍Graph 1).

---

[1] Die Listen wurden mit *VBA* in *Excel 2007* unter *Windows 7* erstellt, Systemprozessor *AMD Phenom II X4 965*, 3400 MHz, Gesamtlaufzeit 21:32 h (nur ein Prozessorkern genutzt).
[2] Die pP-Listen wurden aus lückenlosen Listen primitiver pythagoreischer Tripel separiert. Die Erstellung dieser ppT-Listen erforderte eine Gesamtlaufzeit von weniger als 57 h, für das Separieren der pP wurden dann nur noch rund 3 h benötigt! Dies ist möglich, weil alle Hypotenusen nicht geclusterter ppT (das sind Hypotenusen, deren Abstand zu beiden Nachbarhypotenusen >0 ist) Potenzen einer einzigen pP sind.
[3] ✍*www.mersenne.org/prime.htm*.

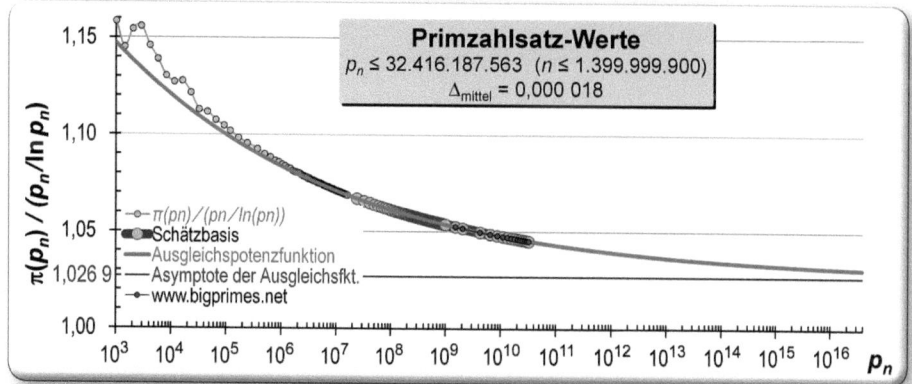

Graph 2: Primzahlsatz-Werte mit Grenzwertschätzung aus $p_n \leq 982.451.653$
Hinweis: Δ_{mittel} = mittlerer quadratischer Fehler der Ausgleichskurve
Bemerkung: Die Grenzwertschätzung[4] von Graph 2, die auch an anderen Stellen angewandt wird, ergibt einen Grenzwert von 1,026 9 **anstatt 1**!

2.1.2 Vergleich der Häufigkeit der Primzahlarten

Die allgemeine Form der Primzahlen erster und zweiter Art lässt vermuten, dass sie gleich häufig vorkommen, dass also für ihren Quotienten gilt:

(S19)*
$$\lim_{n \to \infty} \frac{p_n}{q_n} = 1 \qquad p_n \in \mathbb{P}_1, \, q_n \in \mathbb{P}_2$$

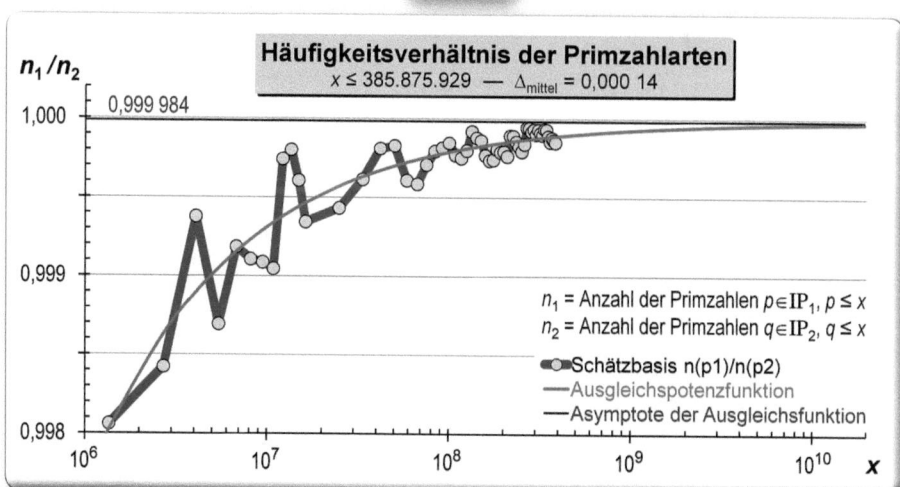

Graph 3: Vergleich der Häufigkeit der Primzahlarten

Die Grenzwertschätzung stützt die Vermutung.

---
4 Grundlegende Schritte für die Berechnung einer Ausgleichsfunktion
   ↪ *Papula*: [L9], XI Fehler- und Ausgleichsrechnung, 5 Ausgleichskurven.
   Formeln für die Ausgleichsrechnung ↪ *Selle*: [L13], 1.8.3 Ausgleichspotenzfunktion.

2.2 Relative Primzahlgröße

Die Graphen *4* bis *7* stellen die **relative Primzahlgröße** p_n/n (Kehrwert der **Primzahldichte**) dar.

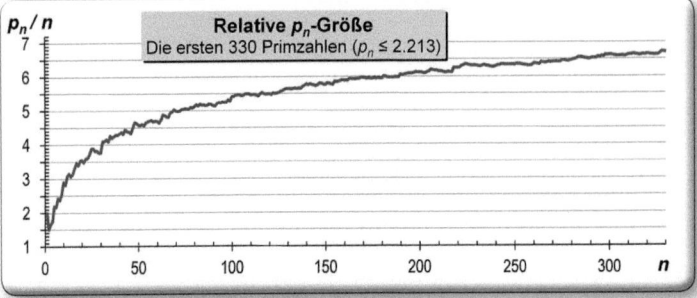

Graph 4: Relative Primzahlgröße für $p_n \leq 2.213$

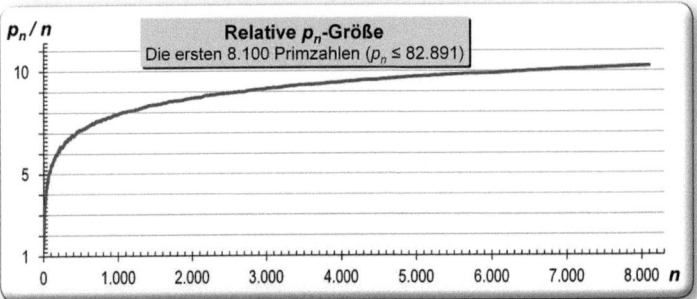

Graph 5: Relative Primzahlgröße für $p_n < 16.000.000$

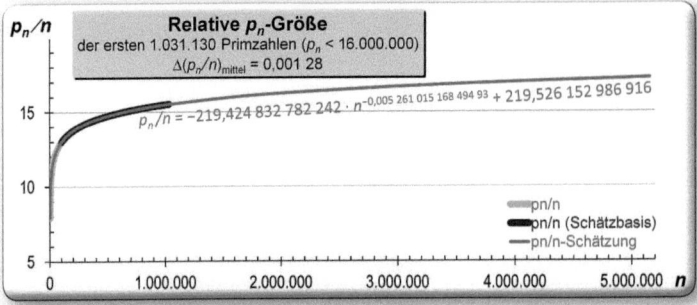

Graph 6: Relative Primzahlgröße für $p_n < 16.000.000$, extrapoliert

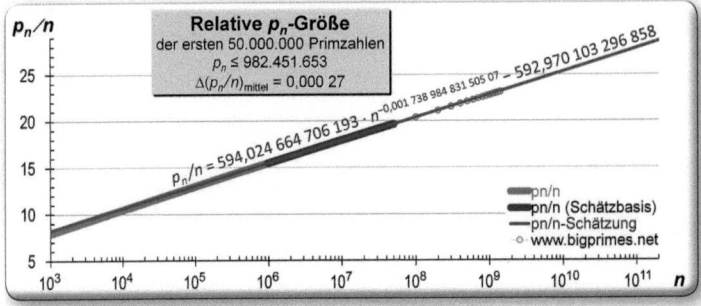

Graph 7: Relative Primzahlgröße für $p_n \leq 982.451.653$

14 **bigprimes**-Werte

$n > 50.000.000$,
$p_n > 982.451.653$

sind zur Bewertung der Treffsicherheit der Trendanalyse mit eingetragen.

3 PRIMZAHLGRUPPIERUNGEN

3.1 Abstände der Primzahlen

Die Abstände zwischen benachbarten Primzahlen streuen sehr stark. Der Abstand $\Delta p = 1$ kommt nur ein einziges Mal zwischen 2 und 3 vor. $\Delta p = 2$ ist im Bereich der ersten 50.000.000 Primzahlen der fünfthäufigste Abstand, $\Delta p = 6$ der häufigste.[1]

Es kommen aber auch sehr **große Lücken** vor — im untersuchten Bereich max. $\Delta p = 282$.

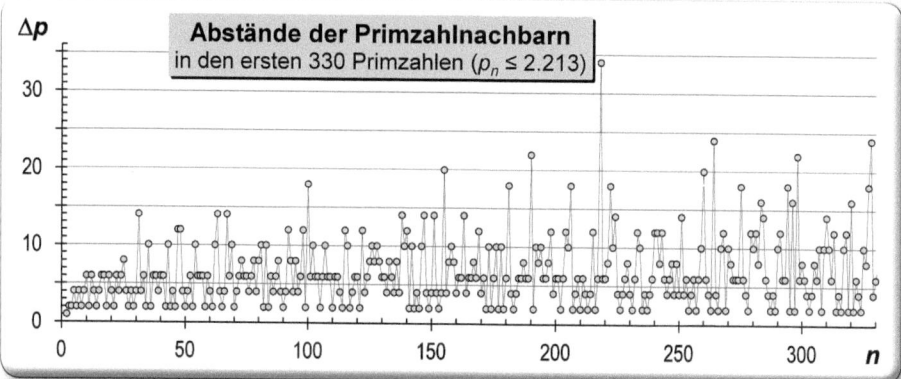

Graph 8: Abstand Δp benachbarter Primzahlen, $p_n \leq 2.213$

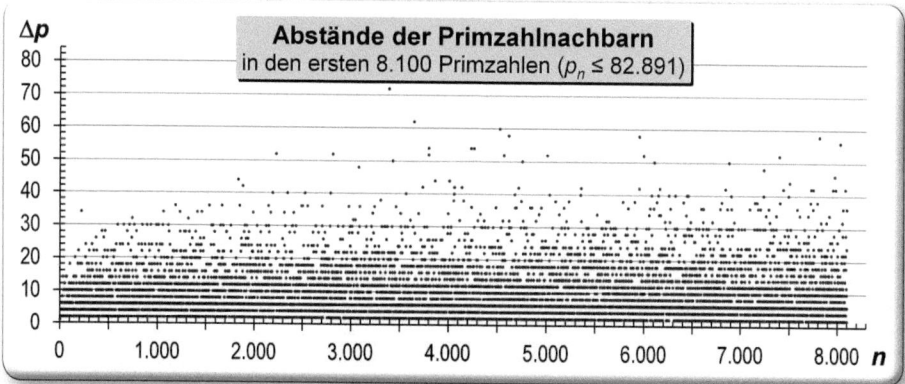

Graph 9: Abstand Δp benachbarter Primzahlen, $p_n \leq 82.891$

3.1.1 Maximale Lücke zwischen Primzahlen

(S20)* Es gibt keine obere Schranke für den **Abstand in äquidistanten Gruppierungen** mit zwei oder mehr Primzahlen.

Diese Vermutung ergab sich aus der Analyse der ersten 50.000.000 Primzahlen in Verbindung mit Satz (S8).

---
1 ♪Tabelle 11, ♻Graph 27.

3.1.2 Erstmalig auftretender Abstand zwischen benachbarten Primzahlen

Mit wachsenden Primzahlen treten tendenziell immer größere Lücken zwischen ihnen auf. Diese Tendenz wird in den folgenden sieben Graphen und der anschließenden Tabelle veranschaulicht.

Erstmalige Sprünge sind durch helle Punkte markiert, wenn noch größere Sprünge nur bei größeren Primzahlen auftreten; p_n steht jeweils für die größere der beiden Primzahlen:

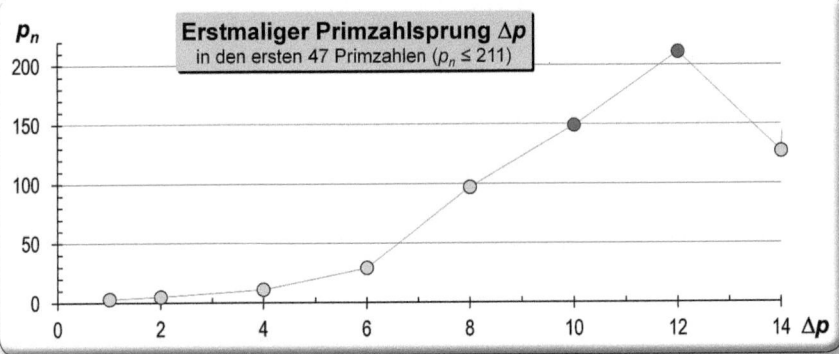

Graph 10: Erstmaliger Sprung Δp der Primzahlen, $p_n \leq 211$

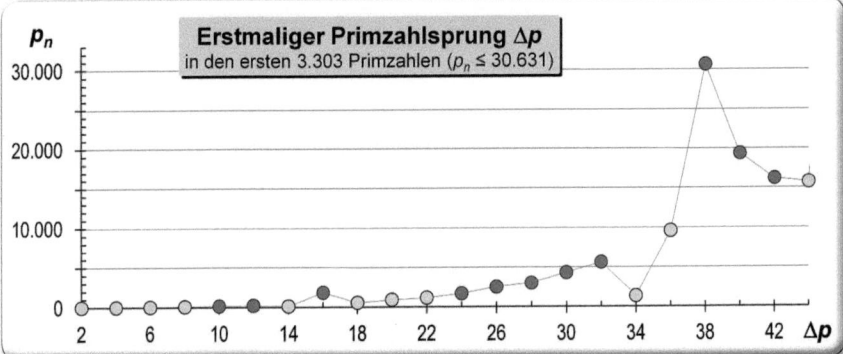

Graph 11: Erstmaliger Sprung Δp der Primzahlen, $p_n \leq 30.631$

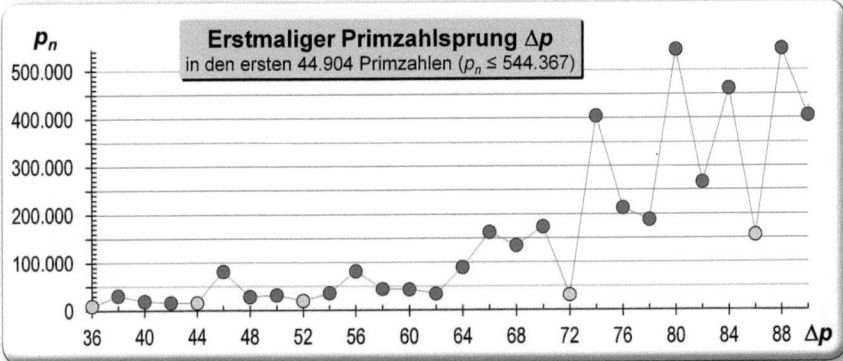

Graph 12: Erstmaliger Sprung Δp der Primzahlen, $p_n \leq 544.367$

3.1 Abstände der Primzahlen

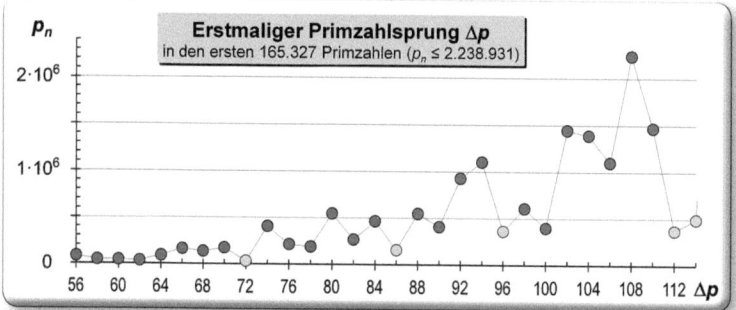

Graph 13: Erstmaliger Sprung Δp der Primzahlen, $p_n \leq 2.238.931$

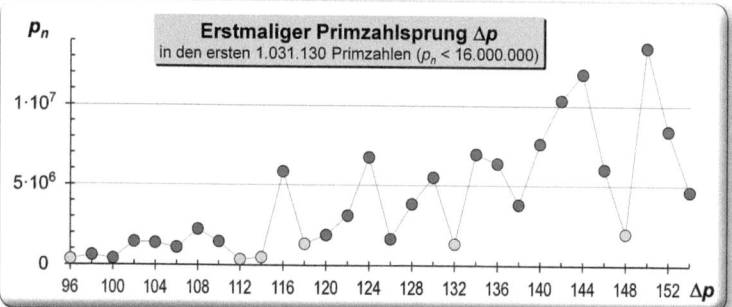

Graph 14: Erstmaliger Sprung Δp der Primzahlen, $p_n < 16.000.000$

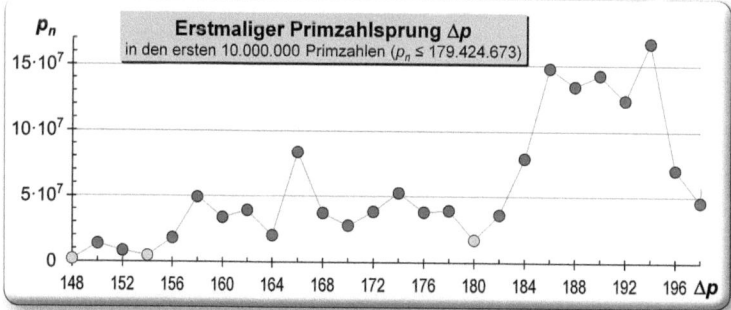

Graph 15: Erstmaliger Sprung Δp der Primzahlen, $p_n \leq 179.424.673$

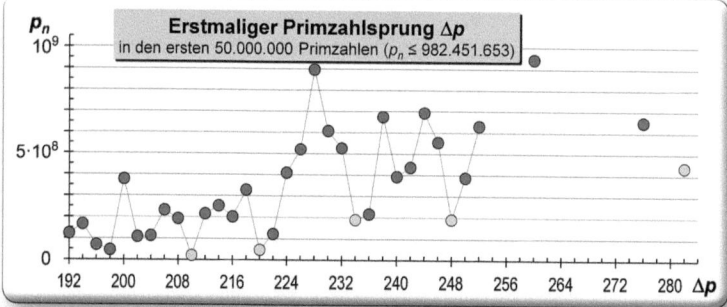

Graph 16: Erstmaliger Sprung Δp der Primzahlen, $p_n \leq 982.451.653$

3 Primzahlgruppierungen

Die folgende Tabelle zeigt die in einer bestimmten Größe erstmalig auftretenden Sprünge Δp für die ersten 50.000.000 Primzahlen ($p \leq 982.451.653$):

Δp	p_1	p_2	Δp	p_1	p_2	Δp	p_1	p_2
1[1]	2	3	100	396.733	396.833	200	378.043.979	378.044.179
2	3	5	102	1.444.309	1.444.411	202	107.534.587	107.534.789
4	7	11	104	1.388.483	1.388.587	204	112.098.817	112.099.021
6	23	29	106	1.098.847	1.098.953	206	232.423.823	232.424.029
8	89	97	108	2.238.823	2.238.931	208	192.983.851	192.984.059
10	139	149	110	1.468.277	1.468.387	210	20.831.323	20.831.533
12	199	211	112	370.261	370.373	212	215.949.407	215.949.619
14	113	127	114	492.113	492.227	214	253.878.403	253.878.617
16	1.831	1.847	116	5.845.193	5.845.309	216	202.551.667	202.551.883
18	523	541	118	1.349.533	1.349.651	218	327.966.101	327.966.319
20	887	907	120	1.895.359	1.895.479	220	47.326.693	47.326.913
22	1.129	1.151	122	3.117.299	3.117.421	222	122.164.747	122.164.969
24	1.669	1.693	124	6.752.623	6.752.747	224	409.866.323	409.866.547
26	2.477	2.503	126	1.671.781	1.671.907	226	519.653.371	519.653.597
28	2.971	2.999	128	3.851.459	3.851.587	228	895.858.039	895.858.267
30	4.297	4.327	130	5.518.687	5.518.817	230	607.010.093	607.010.323
32	5.591	5.623	132	1.357.201	1.357.333	232	525.436.489	525.436.721
34	1.327	1.361	134	6.958.667	6.958.801	234	189.695.659	189.695.893
36	9.551	9.587	136	6.371.401	6.371.537	236	216.668.603	216.668.839
38	30.593	30.631	138	3.826.019	3.826.157	238	673.919.143	673.919.381
40	19.333	19.373	140	7.621.259	7.621.399	240	391.995.431	391.995.671
42	16.141	16.183	142	10.343.761	10.343.903	242	367.876.529	367.876.771
44	15.683	15.727	144	11.981.443	11.981.587	244	693.103.639	693.103.883
46	81.463	81.509	146	6.034.247	6.034.393	246	555.142.061	555.142.307
48	28.229	28.277	148	2.010.733	2.010.881	248	191.912.783	191.913.031
50	31.907	31.957	150	13.626.257	13.626.407	250	387.096.133	387.096.383
52	19.609	19.661	152	8.421.251	8.421.403	252	630.045.137	630.045.389
54	35.617	35.671	154	4.652.353	4.652.507	254	—	—
56	82.073	82.129	156	17.983.717	17.983.873	256	—	—
58	44.293	44.351	158	49.269.581	49.269.739	258	—	—
60	43.331	43.391	160	33.803.689	33.803.849	260	944.192.807	944.193.067
62	34.061	34.123	162	39.175.217	39.175.379	262	—	—
64	89.689	89.753	164	20.285.099	20.285.263	264	—	—
66	162.143	162.209	166	83.751.121	83.751.287	266	—	—
68	134.513	134.581	168	37.305.713	37.305.881	268	—	—
70	173.359	173.429	170	27.915.737	27.915.907	270	—	—
72	31.397	31.469	172	38.394.127	38.394.299	272	—	—
74	404.597	404.671	174	52.721.113	52.721.287	274	—	—
76	212.701	212.777	176	38.089.277	38.089.453	276	649.580.171	649.580.447
78	188.029	188.107	178	39.389.989	39.390.167	278	—	—
80	542.603	542.683	180	17.051.707	17.051.887	280	—	—
82	265.621	265.703	182	36.271.601	36.271.783	282	436.273.009	436.273.291
84	461.717	461.801	184	79.167.733	79.167.917	284	—	—
86	155.921	156.007	186	147.684.137	147.684.323	286	—	—
88	544.279	544.367	188	134.065.829	134.066.017	288	—	—
90	404.851	404.941	190	142.414.669	142.414.859	290	—	—
92	927.869	927.961	192	123.454.691	123.454.883			
94	1.100.977	1.101.071	194	166.726.367	166.726.561			
96	360.653	360.749	196	70.396.393	70.396.589			
98	604.073	604.171	198	46.006.769	46.006.967			

1 Es existiert genau 1 Sprung $\Delta p = 1$

Dunkelgraue Unterlegung, wenn die Liste für größere Sprünge Δp nur größere Paare enthält.

Tabelle 1a: Erstmalig auftretende Sprünge Δp innerhalb der ersten 50.000.000 Primzahlen

3.2 Äquidistante Primzahlgruppierungen
3.2.1 Namen äquidistanter Primzahlgruppierungen

In der Primzahlliste findet man unterschiedlich große Gruppierungen aufeinander folgender Primzahlen mit **gleichen Abständen** zueinander. Wir benutzen für diese — unabhängig vom Abstand — folgende Bezeichnungen.

Anzahl der Primzahlen	Name
2	Primzahlpaar
3	Primzahltrio
4	Primzahlquartett
5	Primzahlquintett
6	Primzahlsextett
7	Primzahlseptett
8	Primzahloktett
9	Primzahlnonett
10	Primzahl-10er-Gruppierung
11	Primzahl-11er-Gruppierung
...	...
g	Primzahl-g-Gruppierung (g prim)

Sonderfälle

(S21.1) Das einzige **Primzahlpaar** mit dem Abstand $\Delta p = 1$ ist (2; 3).
Weitere Primzahlpaare mit diesem Abstand gibt es nicht, weil alle Primzahlen > 2 ungerade sind.

Primzahlpaare nennt man: **Primzahlzwillinge**,[2] wenn ihr Abstand $\Delta p = 2$ ist,
　　　　　　　　　　　　　　Primzahl-Cousinen, wenn ihr Abstand $\Delta p = 4$ ist,
　　　　　　　　　　　　　　sexy Primzahlen,[3] wenn ihr Abstand $\Delta p = 6$ ist.

(S21.2) Das einzige **Primzahltrio** mit dem Abstand $\Delta p = 2$ ist (3; 5; 7).
Weitere Primzahltrios mit diesem Abstand gibt es nicht, denn für alle Trios der allgemeinen Form ($p, p+2, p+4$) ist eine der drei Zahlen durch 3 teilbar.[4] Aus diesem Grund war es nicht sinnvoll, dieses Trio als **Primzahldrilling** zu bezeichnen. Es wurde stattdessen eine Definition gewählt, die **eng benachbarte und wiederholt vorkommende Gruppierungen** von drei Primzahlen betrifft.[5]

---

[2]　↪3.3 *Primzahlmehrlinge*.
[3]　↪*http://mathworld.wolfram.com/SexyPrimes.html*.
[4]　↪3.2.3.2.1 *Einschränkung für den Abstand in Trios*. Auf die Feststellung (S21.2) wird nirgendwo Bezug genommen. Deshalb birgt dieser Verweis auf eine spätere Textstelle keine Gefahr für einen logischen Zirkelschluss.
[5]　↪3.3 *Primzahlmehrlinge*.

3.2.2 Primzahlpaare

(S22) Es sei $P_1 = (p, p + \Delta p)$ ein Primzahlpaar. Von dem Zahlenpaar

$$P_2 = (q, q + \Delta p) = (k \cdot n + p, k \cdot n + p + \Delta p), k, n \in \mathbb{N}_0, p > 3$$

enthält keine den Teiler 3, wenn $k \cdot n \equiv 0 \pmod 3$
eine den Teiler 3, wenn $k \cdot n \equiv 1 \pmod 3$
              oder $k \cdot n \equiv 2 \pmod 3$

Beweis

$p \equiv 0 \pmod 3$ und $p + \Delta p \equiv 0 \pmod 3$ ist ausgeschlossen, weil $(p, p + \Delta p)$ nach Voraussetzung ein Primzahlpaar ist.

Aus $k \cdot n \equiv 0 \pmod 3$ folgt für $p \equiv r \pmod 3$: $k \cdot n + p \equiv r \pmod 3$
und für $p + \Delta p \equiv s \pmod 3$: $k \cdot n + p + \Delta p \equiv s \pmod 3$

Keine der beiden Zahlen von P_2 enthält also den Teiler 3, wenn P_1 ein Primzahlpaar ist.

Δp ist nach Satz **(S23)** für $p > 3$ stets gerade. Deshalb ist $\Delta p \equiv 0 \pmod 3$ nicht möglich. Es sind also zwei Fälle A und B zu unterscheiden:

A   Für $\Delta p \equiv 1 \pmod 3$ gilt

     Aus $p \equiv 2 \pmod 3$ folgt $p + \Delta p \equiv 0 \pmod 3$, also $3 \,|\, p + \Delta p$
     Also $p \equiv 1 \pmod 3$

Wir unterscheiden weiterhin die beiden Fälle 1) und 2):

1) Aus $k \cdot n \equiv 1 \pmod 3$ folgt $k \cdot n + p + \Delta p \equiv 0 \pmod 3$, also $3 \,|\, k \cdot n + p + \Delta p$.
2) Aus $k \cdot n \equiv 2 \pmod 3$ folgt $k \cdot n + p \equiv 0 \pmod 3$, also $3 \,|\, k \cdot n + p$.

B   Für $\Delta p \equiv 2 \pmod 3$ gilt

     Aus $p \equiv 1 \pmod 3$ folgt $p + \Delta p \equiv 0 \pmod 3$, also $3 \,|\, p + \Delta p$
     Also $p \equiv 2 \pmod 3$

Wir unterscheiden wiederum zwei Fälle 1) und 2):

1) Aus $k \cdot n \equiv 1 \pmod 3$ folgt $k \cdot n + p \equiv 0 \pmod 3$, also $3 \,|\, k \cdot n + p$.
2) Aus $k \cdot n \equiv 2 \pmod 3$ folgt $k \cdot n + p + \Delta p \equiv 0 \pmod 3$, also $3 \,|\, k \cdot n + p + \Delta p$.

$k \cdot n \equiv 0 \pmod 3$ ist folglich die Bedingung für die angegebene Formel.

Wenn P_1 und P_2 Primzahlpaare sind, dann existiert für jedes $k \cdot n$, das durch 3 teilbar ist, ein n, so dass $(q, q + \Delta p) = (k \cdot n + p, k \cdot n + p + \Delta p)$.

Mit $k = 30$ haben p und q die **gleichen Endziffern**[6]!

Primzahlpaare $(p_0, p_1) = (p_0, p_0 + \Delta p)$ haben eine **allgemeine Form**, die von ihrem Abstand Δp und der letzten Ziffer der ersten Primzahl p_0 abhängt. Sie sind darstellbar in der Form[7]

$(p_0, p_1) = (k \cdot n + m + z, k \cdot n + m + z + \Delta p); \; k \in \{10; 30\}, m \in \{0; 10; 20\}, m = 0$ für $k = 10, n \in \mathbb{N}_0$

---
[6] ↘Tabellen *1b, 8b* und *9b*, Hinweis unter Tabelle *10a* zu *Allgemeine Form der Primzahlen von Quintetten.*
[7] ↘Satz **(S22)**.

3.2 Äquidistante Primzahlgruppierungen

Δp	k	Endziffer von p_0	m	z	n_{min}	Endziffer von p_0	m	z	n_{min}	Bemerkung
2	30	...1	10	1	0	...7	10	7	0	Inhomogen
		...3				...9	20	9	0	
4	30	...1				...7	0	7	0	Homogen
		...3	10	3	0	...9	10	9	0	
6	10	...1	0	1	0	...7	0	7	0	3|Δp
		...3	0	3	0	...9				Inhomogen
8	30	...1	10	1	13	...7				Homogen
		...3	20	3	22	...9	20	9	2	
10	30	...1	0	1	6	...7	0	7	32	10|Δp
		...3	10	3	9	...9	10	9	4	Inhomogen
12	10	...1	0	1	21	...7	0	7	46	3|Δp
		...3				...9	0	9	19	Homogen
14	30	...1				...7	10	7	10	Inhomogen
		...3	20	3	3	...9	20	9	27	
16	30	...1	0	1	61	...7	0	7	135	Homogen
		...3	10	3	64	...9				
18	10	...1	0	1	138	...7				3|Δp
		...3	0	3	52	...9	0	9	106	Inhomogen
20	30	...1	10	1	447	...7	10	7	29	10|Δp
		...3	20	3	113	...9	20	9	102	Homogen
22	30	...1	0	1	65	...7	0	7	85	Inhomogen
		...3				...9	10	9	37	
24	10	...1				...7	0	7	417	3|Δp
		...3	0	3	452	...9	0	9	166	Homogen
26	30	...1	10	1	184	...7	10	7	82	Inhomogen
		...3	20	3	3.373	...9				
28	30	...1	0	1	99	...7				Homogen
		...3	10	3	198	...9	10	9	170	
30	10	...1	0	1	483	...7	0	7	429	30|Δp
		...3	0	3	725	...9	0	9	574	Inhomogen
40	30	...1	0	1	842	...7	0	7	1.108	10|Δp
		...3	10	3	644	...9	10	9	693	Homogen
50	30	...1	10	1	3.188	...7	10	7	1.063	10|Δp
		...3	20	3	1.529	...9	20	9	2.017	Inhomogen
60	10	...1	0	1	4.333	...7	0	7	12.436	30|Δp
		...3	0	3	14.299	...9	0	6	11.035	Homogen
70	30	...1	0	1	5.838	...7	0	7	7.276	10|Δp
		...3	10	3	13.309	...9	10	9	5.778	Inhomogen
80	30	...1	10	1	35.359	...7	10	7	37.409	10|Δp
		...3	20	3	18.086	...9	20	9	20.623	Homogen
90	10	...1	0	1	40.485	...7	0	7	196.498	30|Δp
		...3	0	3	81.872	...9	0	9	129.484	Inhomogen
100	30	...1	0	1	54.936	...7	0	7	43.782	10|Δp
		...3	10	3	13.224	...9	10	9	27.941	Homogen
110	30	...1	10	1	86.599	...7	10	7	48.942	10|Δp
		...3	20	3	108.032	...9	20	9	229.236	Inhomogen
120	10	...1	0	1	608.544	...7	0	7	716.022	30|Δp
		...3	0	3	1.086.397	...9	0	9	189.535	Homogen
...	...	...	...	...	...	...	...	...	...	(Nicht möglich)

Tabelle 1b: Allgemeine Form der Primzahlen von Paaren
$n = n_{min}$ für den erstmaligen Auftritt des Primzahlpaars mit dem Abstand Δp und der p_0-Endziffer z.

3.2.3 Einschränkungen für äquidistante Primzahlgruppierungen

Die generellen Einschränkungen, denen Primzahlen unterliegen, sind in 1.3 *Einschränkungen für Primzahlen* dargestellt.

Der **Abstand von Primzahlen** $p > 2$ ist nach Satz (S13.1) stets gerade.

Die generellen Einschränkungen für die letzten Ziffern von Primzahlen sind in Satz (S15.1) formuliert. Im konkreten Fall ergeben sie sich aus der letzten Ziffer der ersten Zahl der Gruppierung und dem betrachteten Abstand. Immer dann, wenn eine der Zahlen z_i der Gruppierung mit der Ziffer 5 endet, ist diese Zahl durch 5 teilbar, also für $z_i \neq 5$ nicht prim.

3.2.3.1 Einschränkungen für Primzahlpaare

3.2.3.1.1 Einschränkung für den Abstand in Paaren

(S23) Der **Abstand in Primzahlpaaren** $(p, p + \Delta p)$ hat für $p > 2$ die allgemeine Form[8]

für beliebige Paare, $p \in \mathbb{P}$ und $p+\Delta p \in \mathbb{P}$: $\quad\Delta p = 2 \cdot k \quad k \in \mathbb{N}$

für homogene Paare, $p \in \mathbb{P}_1$ und $p+\Delta p \in \mathbb{P}_1$ oder $p \in \mathbb{P}_2$ und $p+\Delta p \in \mathbb{P}_2$: $\quad\Delta p = 4 \cdot h \quad h \in \mathbb{N}$

für inhomogene Paare,[9] $p \in \mathbb{P}_1$ und $p+\Delta p \in \mathbb{P}_2$ oder $p \in \mathbb{P}_2$ und $p+\Delta p \in \mathbb{P}_1$: $\quad\Delta p = 2 \cdot (2i - 1) \quad i \in \mathbb{N}$

3.2.3.1.2 Einschränkungen für die letzten Ziffern in Paaren

Ungerade Abstände Δp sind nach Satz (S13.1) bzw. (S23) nicht möglich.

Δp	p	$p + \Delta p$	Bemerkung	
1	2	3		**Ausnahme:** Einziges Paar mit $\Delta p = 1$ ist (2; 3); 2 ist prim.
2	…1	…3		Paare mit $\Delta p = 2$ nennt man **Primzahlzwillinge**.
	…3	…5	$p + \Delta p$ nicht prim	**Sonderfall:** 1. Paar mit $\Delta p = 2$ ist (3; 5); $p + \Delta p = 5$ ist prim.
	…5	…7	p nicht prim	**Sonderfall:** 2. Paar mit $\Delta p = 2$ ist (5; 7); $p = 5$ ist prim.
	…7	…9		
	…9	…1		Zwillinge sind nach Satz (S13.2) inhomogen.
4	…1	…5	$p + \Delta p$ nicht prim	
	…3	…7		Paare mit $\Delta p = 4$ nennt man **Primzahl-Cousinen**.
	…7	…1		Sie sind nach Satz (S13.2) homogen.
	…9	…3		
6	…1	…7		
	…3	…9		Paare mit $\Delta p = 6$ nennt man **sexy Primzahlen**.
	…7	…3		Sie sind nach Satz (S13.2) inhomogen.
	…9	…5	$p + \Delta p$ nicht prim	
8	…1	…9		Paare mit dem Abstand $\Delta p = 8$ sind nach Satz (S13.2) homogen.
	…3	…1		
	…7	…5	$p + \Delta p$ nicht prim	Zu jedem Abstand $\Delta p \bmod 5 \neq 0$ existieren genau 3 Endziffer-Varianten.
	…9	…7		
10	…1	…1	Die letzte Ziffer beider Primzahlen dieser Paare ist identisch!	Paare mit dem Abstand $\Delta p = 10$ sind nach Satz (S13.2) inhomogen.
	…3	…3		
	…7	…7		
	…9	…9		
$10k + d$	($k \in \mathbb{N}_0$, wie $\Delta p = d$)			

Tabelle 2: Einschränkungen für Primzahlpaare

---

[8] ✎Fußnote zu Satz (S13.1) wegen Sonderfall Primzahlpaar (2; 3).
[9] Beachte Satz (S40).

3.2.3.2 Einschränkungen für Primzahltrios
3.2.3.2.1 Einschränkung für den Abstand in Trios
Es existiert genau ein Primzahltrio mit dem Abstand $\Delta p = 2$: (3; 5; 7). Aus seiner allgemeinen Form $(p_1, p_2, p_3) = (p, p+2, p+2\cdot 2)$ erkennt man, dass eine der drei Zahlen durch 3 teilbar ist:

Für alle Zahlentripel gilt für $3 < p$ prim: $\quad 3\,|\,p+1$ oder $3\,|\,p+2$
Allgemein gilt: $3\,|\,p_1$ oder $3\,|\,p_2$, wenn $\quad p_1 = p+3k+1$ und $p_2 = p+3l+2$
$\qquad\qquad\qquad\qquad\qquad$ oder $\quad p_1 = p+3k+2$ und $p_2 = p+3l+1$; $\quad k,l \in \mathbb{N}_0$
$\qquad\qquad\qquad$ kürzer: $\qquad\Delta p \bmod 3 = 1$ und $2\cdot\Delta p \bmod 3 = 2$
$\qquad\qquad\qquad\qquad\qquad$ oder $\quad\Delta p \bmod 3 = 2$ und $2\cdot\Delta p \bmod 3 = 1$
$\qquad\qquad\qquad$ bzw. $\qquad\quad\Delta p \equiv 1 \pmod 3$ und $2\cdot\Delta p \equiv 2 \pmod 3$
$\qquad\qquad\qquad\qquad\qquad$ oder $\quad\Delta p \equiv 2 \pmod 3$ und $2\cdot\Delta p \equiv 1 \pmod 3$

In der Formeldarstellung schreiben sich die Trios mit $p > 3$ prim und $3\,|\,p_1$ oder $3\,|\,p_2$, für die ersten Δp:

$(p, p+2, p+2\cdot 2) = (p, p + 0\cdot 3 + 2, p + 1\cdot 3 + 1)$
$\underline{(p, p+4, p+2\cdot 4) = (p, p + 1\cdot 3 + 1, p + 2\cdot 3 + 2)}$ {Bem.: (3; 7; 11) ist kein Trio, 5 übersprungen}
$(p, p+8, p+2\cdot 8) = (p, p + 2\cdot 3 + 2, p + 5\cdot 3 + 1)$
$\underline{(p, p+10, p+2\cdot 10) = (p, p + 3\cdot 3 + 1, p + 6\cdot 3 + 2)}$
$(p, p+14, p+2\cdot 14) = (p, p + 4\cdot 3 + 2, p + 9\cdot 3 + 1)$
$\underline{(p, p+16, p+2\cdot 16) = (p, p + 5\cdot 3 + 1, p + 10\cdot 3 + 2)}$
$(p, p+20, p+2\cdot 20) = (p, p + 6\cdot 3 + 2, p + 13\cdot 3 + 1)$
$\underline{(p, p+22, p+2\cdot 22) = (p, p + 7\cdot 3 + 1, p + 14\cdot 3 + 2)}$
$(p, p+26, p+2\cdot 26) = (p, p + 8\cdot 3 + 2, p + 17\cdot 3 + 1)$
$\underline{(p, p+28, p+2\cdot 28) = (p, p + 9\cdot 3 + 1, p + 18\cdot 3 + 2)}$
$(p, p+32, p+2\cdot 32) = (p, p + 10\cdot 3 + 2, p + 21\cdot 3 + 1)$
$\ldots$

Folglich gibt es keine Primzahltrios mit den Abständen 2, 4; 8, 10; 14, 16; 20, 22; 26, 28; 32, ...

(S24) Der **Abstand in Primzahltrios** $(p, p + \Delta p, p + 2\Delta p)$ hat für $p > 3$ mit $f \in \{1; 2\}$ die allgemeine Form

beliebige Trios, $p \in \mathbb{P}$ und $p+f\cdot\Delta p \in \mathbb{P}$: $\qquad\qquad\qquad\qquad\qquad\Delta p = 2\cdot 3\cdot k \qquad k \in \mathbb{N}$
homogene Trios, $p \in \mathbb{P}_1 \wedge p+f\cdot\Delta p \in \mathbb{P}_1$ oder $p \in \mathbb{P}_2 \wedge p+f\cdot\Delta p \in \mathbb{P}_2$: $\quad\Delta p = 4\cdot 3\cdot h \qquad h \in \mathbb{N}$
inhomogene Trios, $p \in \mathbb{P}_1 \wedge p+\Delta p \in \mathbb{P}_2$ oder $p \in \mathbb{P}_2 \wedge p+\Delta p \in \mathbb{P}_1$: $\quad\Delta p = 2\cdot 3\cdot (2i-1) \ i \in \mathbb{N}$

3.2.3.2.2 Einschränkungen für die letzten Ziffern in Trios
Für Abstände, die Satz **(S24)** erfüllen, ergibt sich.

Δp	p	$p + \Delta p$	$p + 2\cdot\Delta p$	Bemerkung	
2	...3	...5	...7	$p + \Delta p$ nicht prim[1]	*1* **Ausnahme**: Primzahltrio (3; 5; 7), 5 ist prim.
6	...1	...7	...3		
	...3	...9	...5	$p + 2\Delta p$ nicht prim	
	...7	...3	...9		
	...9	...5	...1	$p + \Delta p$ nicht prim	
12	...1	...3	...5	$p + 2\Delta p$ nicht prim	Zu jedem Abstand $\Delta p \bmod 30 \neq 0$ existieren **genau 2 Endziffer-Varianten**.
	...3	...5	...7	$p + \Delta p$ nicht prim	
	...7	...9	...1		
	...9	...1	...3		
18	...1	...9	...7		
	...3	...1	...9		
	...7	...5	...3	$p + \Delta p$ nicht prim	
	...9	...7	...5	$p + 2\Delta p$ nicht prim	
24	...1	...5	...9	$p + \Delta p$ nicht prim	
	...3	...7	...1		↘ Endziffern der in Tabelle *8a* gelisteten Primzahltrios.
	...7	...1	...5	$p + 2\Delta p$ nicht prim	
	...9	...3	...7		
30	...1	...1	...1	Die letzte Ziffer aller drei Primzahlen dieser Trios ist identisch!	In Trios mit $\Delta p \bmod 30 = 0$ kommen alle vier gemäß Satz **(S15.1)** möglichen Endziffern vor: ...1, ...3, ...7 und ...9.
	...3	...3	...3		
	...7	...7	...7		
	...9	...9	...9		
$30k + d$	($k \in \mathbb{N}_0$, wie $\Delta p = d$)				

Tabelle 3: Einschränkungen für Primzahltrios

3.2.3.3 Einschränkungen für Primzahlquartette

3.2.3.3.1 Einschränkung für den Abstand in Quartetten

Weil keine Primzahltrios mit $\Delta p = 4$ und — abgesehen von (3; 5; 7) — auch keine mit $\Delta p = 2$ existieren, gibt es natürlich auch keine solchen Primzahlquartette.

Die **Abstände in Primzahlquartetten** unterliegen auch im Übrigen den gleichen Einschränkungen wie die der Primzahltrios. Sie haben also mit $f \in \{1; 2; 3\}$ ebenfalls die allgemeine Form von Satz (S24):

beliebige Quartette, $p \in \mathbb{P}$ und $p + f \cdot \Delta p \in \mathbb{P}$: $\quad\quad\quad\quad\quad\quad\quad \Delta p = 2 \cdot 3 \cdot k \quad\quad k \in \mathbb{N}$

homogene Quartette, $p \in \mathbb{P}_1 \wedge p + f \cdot \Delta p \in \mathbb{P}_1$ oder $p \in \mathbb{P}_2 \wedge p + f \cdot \Delta p \in \mathbb{P}_2$: $\quad \Delta p = 4 \cdot 3 \cdot h \quad\quad h \in \mathbb{N}$

inhomogene Quartette, $p \in \mathbb{P}_1 \wedge p + \Delta p \in \mathbb{P}_2$ oder $p \in \mathbb{P}_2 \wedge p + \Delta p \in \mathbb{P}_1$: $\Delta p = 2 \cdot 3 \cdot (2i - 1) \quad i \in \mathbb{N}$

3.2.3.3.2 Einschränkungen für die letzten Ziffern in Quartetten

Für Abstände gemäß Satz (S24) gilt:

Δp	p	$p + \Delta p$	$p + 2 \cdot \Delta p$	$p + 3 \cdot \Delta p$	Bemerkung	
6	...1	...7	...3	...9	Einzige Variante	
	...3	...9	...5	...1	$p + 2\Delta p$ nicht prim	
	...7	...3	...9	...5	$p + 3\Delta p$ nicht prim	
	...9	...5	...1	...7	$p + \Delta p$ nicht prim	
12	...1	...3	...5	...7	$p + 2\Delta p$ nicht prim	
	...3	...5	...7	...9	$p + \Delta p$ nicht prim	Zu jedem Abstand Δp mod 30 ≠ 0 existiert **genau 1 Endziffer-Variante**. In Tabelle 9a treten alle hier angegebenen Endziffern von Primzahlquartetten auf.
	...7	...9	...1	...3	Einzige Variante	
	...9	...1	...3	...5	$p + 3\Delta p$ nicht prim	
18	...1	...9	...7	...5	$p + 3\Delta p$ nicht prim	
	...3	...1	...9	...7	Einzige Variante	
	...7	...5	...3	...1	$p + \Delta p$ nicht prim	
	...9	...7	...5	...3	$p + 2\Delta p$ nicht prim	
24	...1	...5	...9	...3	$p + \Delta p$ nicht prim	
	...3	...7	...1	...5	$p + 3\Delta p$ nicht prim	
	...7	...1	...5	...9	$p + 2\Delta p$ nicht prim	
	...9	...3	...7	...1	Einzige Variante	
30	...1	...1	...1	...1	**Beachte** Die letzte Ziffer aller vier Zahlen dieser Quartette ist identisch!	In Quartetten mit Δp mod 30 = 0 kommen alle vier gemäß Satz (S15.1) denkbaren Endziffern vor: ...1, ...3, ...7 und ...9.
	...3	...3	...3	...3		
	...7	...7	...7	...7		
	...9	...9	...9	...9		
$30k + d$	($k \in \mathbb{N}_0$, wie $\Delta p = d$)					

Tabelle 4: Einschränkungen für Primzahlquartette

Die einzig möglichen **Endziffern eines Quartetts** sind also:

Δp	p_1	p_2	p_3	p_4	
6, 36, ..., $30k + 6$	...1	...7	...3	...9	Keine Alternative!
12, 42, ..., $30k + 12$	...7	...9	...1	...3	Keine Alternative!
18, 48, ..., $30k + 18$	...3	...1	...9	...7	Keine Alternative!
24, 54, ..., $30k + 24$	...9	...3	...7	...1	Keine Alternative!
30, 60, ..., $30k$	...z	...z	...z	...z	...z = ...1, ...3, ...7 oder ...9

Tabelle 5: Mögliche Endziffern von Primzahlquartetten

3.2.3.4 Einschränkungen für Primzahlquintette und -sextette

3.2.3.4.1 Einschränkung für den Abstand in Quintetten und Sextetten

Weil es keine Primzahlquartette mit $\Delta p = 2$ und mit $\Delta p = 4$ gibt, kann es auch keine solchen **Primzahlquintette** oder **-sextette** geben.

(S25) Die **Abstände in Primzahlquintetten** und **Primzahlsextetten** haben mit $f \in \{1; 2; 3; 4; 5\}$ die allgemeine Form

beliebige Quintette/Sextette, $p \in \mathbb{P}$ und $p + f \cdot \Delta p \in \mathbb{P}$: $\quad \Delta p = 2 \cdot 3 \cdot 5 \cdot k \quad k \in \mathbb{N}$
hom. Quint./Sext., $p \in \mathbb{P}_1 \wedge p + f \cdot \Delta p \in \mathbb{P}_1 \vee p \in \mathbb{P}_2 \wedge p + f \cdot \Delta p \in \mathbb{P}_2$: $\quad \Delta p = 60 \cdot h \quad h \in \mathbb{N}$
inhom. Quint./Sext., $p \in \mathbb{P}_1 \wedge p + \Delta p \in \mathbb{P}_2 \vee p \in \mathbb{P}_2 \wedge p + \Delta p \in \mathbb{P}_1$: $\quad \Delta p = 30 \cdot (2i - 1) \quad i \in \mathbb{N}$

Wir wissen bereits, dass Primzahlabstände gerade sind und dass das Trio der ersten drei Zahlen des Quintetts durch 3 teilbare Abstände haben muss. Die Abstände von Primzahlquintetten müssen zusätzlich durch 5 teilbar sein. Dies lässt sich auf die gleiche Weise zeigen wie für die Teilbarkeit durch 3 bei den Primzahltrios. Man erkennt aus der allgemeinen Form des Quintetts

$$(p,\ p + \Delta p,\ p + 2 \cdot \Delta p,\ p + 3 \cdot \Delta p,\ p + 4 \cdot \Delta p),$$

dass für p prim eine der anderen vier Zahlen durch 5 teilbar ist, wenn Δp nicht durch 5 teilbar ist.

Aus p prim und $\Delta p = 1$ folgt: $\quad 5\,|\,p+1 \vee 5\,|\,p+2 \vee 5\,|\,p+3 \vee 5\,|\,p+4$
Allgemein mit $k,l,m,n \in \mathbb{N}_0$: $\quad 5\,|\,(p + 5k + 1) \vee 5\,|\,(p + 5l + 2) \vee 5\,|\,(p + 5m + 3) \vee 5\,|\,(p + 5n + 4)$

In dieser Darstellung schreiben sich Quintette, die den Teiler 5 enthalten, für die ersten Δp:

$(p, p+6,\ p+2 \cdot 6,\ p+3 \cdot 6,\ p+4 \cdot 6\ ) = (p, p+\ 1 \cdot 5+1, p+\ 2 \cdot 5+2, p+\ 3 \cdot 5+3, p+\ 4 \cdot 5+4)$
$(p, p+12, p+2 \cdot 12, p+3 \cdot 12, p+4 \cdot 12) = (p, p+\ 2 \cdot 5+2, p+\ 4 \cdot 5+4, p+\ 7 \cdot 5+1, p+\ 9 \cdot 5+3)$
$(p, p+18, p+2 \cdot 18, p+3 \cdot 18, p+4 \cdot 18) = (p, p+\ 3 \cdot 5+3, p+\ 7 \cdot 5+1, p+10 \cdot 5+4, p+14 \cdot 5+2)$
$(p, p+24, p+2 \cdot 24, p+3 \cdot 24, p+4 \cdot 24) = (p, p+\ 4 \cdot 5+4, p+\ 9 \cdot 5+3, p+14 \cdot 5+2, p+19 \cdot 5+1)$
$(p, p+36, p+2 \cdot 36, p+3 \cdot 36, p+4 \cdot 36) = (p, p+\ 7 \cdot 5+1, p+14 \cdot 5+2, p+21 \cdot 5+3, p+28 \cdot 5+4)$
$(p, p+42, p+2 \cdot 42, p+3 \cdot 42, p+4 \cdot 42) = (p, p+\ 8 \cdot 5+2, p+16 \cdot 5+4, p+25 \cdot 5+1, p+33 \cdot 5+3)$
$(p, p+48, p+2 \cdot 48, p+3 \cdot 48, p+4 \cdot 48) = (p, p+\ 9 \cdot 5+3, p+19 \cdot 5+1, p+28 \cdot 5+4, p+38 \cdot 5+2)$
$(p, p+54, p+2 \cdot 54, p+3 \cdot 54, p+4 \cdot 54) = (p, p+10 \cdot 5+4, p+21 \cdot 5+3, p+32 \cdot 5+2, p+43 \cdot 5+1)$
$(p, p+66, p+2 \cdot 66, p+3 \cdot 66, p+4 \cdot 66) = (p, p+13 \cdot 5+1, p+26 \cdot 5+2, p+39 \cdot 5+3, p+52 \cdot 5+4)$
$(p, p+72, p+2 \cdot 72, p+3 \cdot 72, p+4 \cdot 72) = (p, p+14 \cdot 5+2, p+28 \cdot 5+4, p+43 \cdot 5+1, p+57 \cdot 5+3)$
$(p, p+78, p+2 \cdot 78, p+3 \cdot 78, p+4 \cdot 78) = (p, p+15 \cdot 5+3, p+31 \cdot 5+1, p+46 \cdot 5+4, p+62 \cdot 5+2)$
$(p, p+84, p+2 \cdot 84, p+3 \cdot 84, p+4 \cdot 84) = (p, p+16 \cdot 5+4, p+33 \cdot 5+3, p+50 \cdot 5+2, p+67 \cdot 5+1)$
$(p, p+96, p+2 \cdot 96, p+3 \cdot 96, p+4 \cdot 96) = (p, p+19 \cdot 5+1, p+38 \cdot 5+2, p+57 \cdot 5+3, p+76 \cdot 5+4)$
...

Die Systematik zeigt, dass es — neben den Einschränkungen, die von den Trios bekannt sind — auch keine Primzahlquintette gibt mit $\Delta p = 6, 12, 18, 24; 36, 42, 48, 54; 66, 72, 78, 84; 96, \ldots$
Folglich gibt es auch keine Primzahlsextette mit diesen Abständen.

3.2.3.4.2 Einschränkungen für die letzten Ziffern in Quintetten und Sextetten

Für Abstände, die Satz (S25) erfüllen, ergibt sich.

Δp	p	$p + \Delta p$	$p + 2 \cdot \Delta p$	$p + 3 \cdot \Delta p$	$p + 4 \cdot \Delta p$	Bemerkung
30	...1 ...3 ...7 ...9	...1 ...3 ...7 ...9	...1 ...3 ...7 ...9	...1 ...3 ...7 ...9	...1 ...3 ...7 ...9	**Beachte** Die letzte Ziffer aller fünf Zahlen eines Quintetts ist identisch,
30 k	($k \in \mathbb{N}$, wie $\Delta p = 30$)					weil Δp ein Vielfaches von 10 ist!

Tabelle 6: Einschränkungen für Primzahlquintette

(S26.1) Die **letzte Ziffer** aller fünf Primzahlen eines **Quintetts** ist identisch.

Δp	p	$p + \Delta p$	$p + 2 \cdot \Delta p$	$p + 3 \cdot \Delta p$	$p + 4 \cdot \Delta p$	$p + 5 \cdot \Delta p$	Bemerkung
30	...1 ...3 ...7 ...9	...1 ...3 ...7 ...9	...1 ...3 ...7 ...9	...1 ...3 ...7 ...9	...1 ...3 ...7 ...9	...1 ...3 ...7 ...9	**Beachte** Die letzte Ziffer aller sechs Zahlen eines Sextetts ist identisch,
30 k	($k \in \mathbb{N}$, wie $\Delta p = 30$)						weil Δp ein Vielfaches von 10 ist!

Tabelle 7: Einschränkungen für Primzahlsextette

(S26.2) Die **letzte Ziffer** aller sechs Primzahlen eines **Sextetts** ist identisch.

3.2.3.5 Einschränkungen für Septette, Oktette, Nonette und 10er-Gruppierungen

Primzahlseptette, -oktette, -nonette und **-10er-Gruppierungen** kommen in den ersten 50.000.000 Primzahlen und im Bereich 34.353.304.409 ≤ p ≤ 35.389.175.209 der pythagoreischen Primzahlen nicht vor.

3.2.3.5.1 Einschränkung für den Abstand

(S27) Die **Abstände in Primzahlseptetten, -oktetten, -nonetten** und **-10er-Gruppierungen** haben die allgemeine Form $\quad \Delta p = 2 \cdot 3 \cdot 5 \cdot 7 \cdot k = 7!! \cdot k = 210\,k \qquad k \in \mathbb{N}$

3.2.3.5.2 Einschränkungen für die letzten Ziffern

Weil Δp bei einem **Septett** stets ein Vielfaches von 10 ist, haben auch alle sieben Primzahlen entsprechend Satz (S26.2) — wie bei Quintetten und Sextetten — die gleiche Endziffer. Diese ist ebenfalls nicht eingeschränkt, kann also gemäß Satz (S15.1) eine der vier Endziffern …1, …3, …7 oder …9 sein. Dies gilt in gleicher Weise auch für **Oktette**, **Nonette** und **10er-Gruppierungen**.

3.2.3.6 Einschränkungen für 11er- und 12er-Gruppierungen

11er- und **-12er-Gruppierungen** kommen in den ersten 50.000.000 Primzahlen und im Bereich der pythagoreischen Primzahlen 34.353.304.409 ≤ p ≤ 35.389.175.209 nicht vor.

3.2.3.6.1 Einschränkung für den Abstand

(S28) Die **Abstände in Primzahl-11er- und -12er-Gruppierungen** haben die allgemeine Form
$$\Delta p = 2 \cdot 3 \cdot 5 \cdot 7 \cdot 11 \cdot k = 11!! \cdot k = 2.310\,k \qquad k \in \mathbb{N}$$

3.2.3.6.2 Einschränkungen für die letzten Ziffern

Mit der Begründung, die in 3.2.3.5.2 *Einschränkungen für die letzten Ziffern in Septetten, Oktetten, Nonetten und 10er-Gruppierungen* gegeben wurde, haben auch bei einer **11er-Gruppierung** alle elf Primzahlen entsprechend Satz (S26.2) die gleiche Endziffer, die gemäß Satz (S15.1) …1, …3, …7 oder …9 sein kann. Entsprechendes gilt für **12er-Gruppierungen**.

3.2.3.7 Einschränkungen für Primzahl-g-Gruppierungen

Mit **g-Gruppierungen** werden hier Gruppierungen von g benachbarten Primzahlen mit gleichem Abstand zueinander bezeichnet, mit der Einschränkung, dass die Anzahl g selbst prim ist.

g-Gruppierungen mit g ≥ 7 kommen in den ersten 50.000.000 Primzahlen und im Bereich der pythagoreischen Primzahlen 34.353.304.409 ≤ p ≤ 35.389.175.209 nicht vor.

3.2.3.7.1 Einschränkung für den Abstand in g-Gruppierungen

(S29) Abstände in **g-Gruppierungen** haben die allgemeine Form: $\Delta p = g!! \cdot k,$ $\qquad k \in \mathbb{N}$
Diese Form hat der Abstand auch in Gruppierungen der Länge $L = h - 1$, wenn h die nächstgrößere Primzahl nach g ist.

3.2.3.7.2 Einschränkungen für die letzten Ziffern in g-Gruppierungen

Die Argumentation von 3.2.3.6.2 *Einschränkungen für die letzten Ziffern in 11er- und 12er-Gruppierungen* gilt auch hier.

3.2.4 Anzahl der Primzahlen in äquidistanten Gruppierungen

(S30)* Es gibt keine obere Schranke für die **Anzahl der Primzahlen äquidistanter Gruppierungen**. Die Vermutung (S30)* stützt sich auf die Analyse der ersten 50.000.000 Primzahlen und die Untersuchung der vorliegenden Listen von pythagoreischen Primzahlen.

3.2.5 Erstmalig auftretender Abstand in äquidistanten Primzahlgruppierungen

In den Graphen *17* bis *26* steht p_n jeweils für die größte Primzahl der Gruppierung.
Bessere Darstellung des erstmalig auftretenden Abstandes von Paaren ↪ Graphen *10–16*.

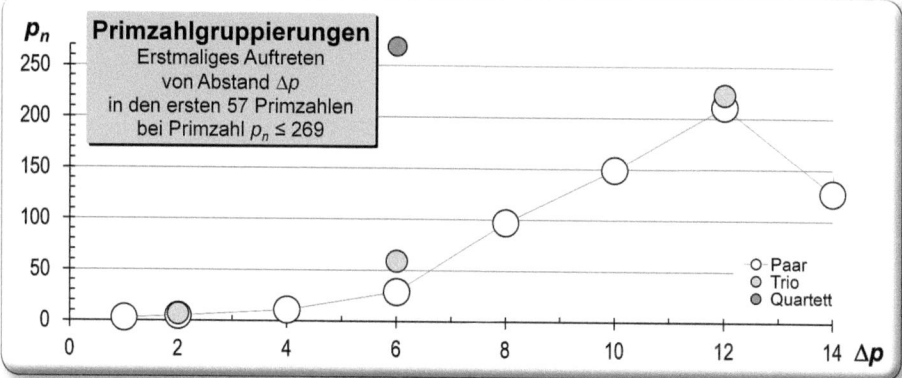

Graph 17: Erstmaliges Auftreten einer Primzahlgruppierung mit Abstand $1 \leq \Delta p \leq 14$, $p_n \leq 269$

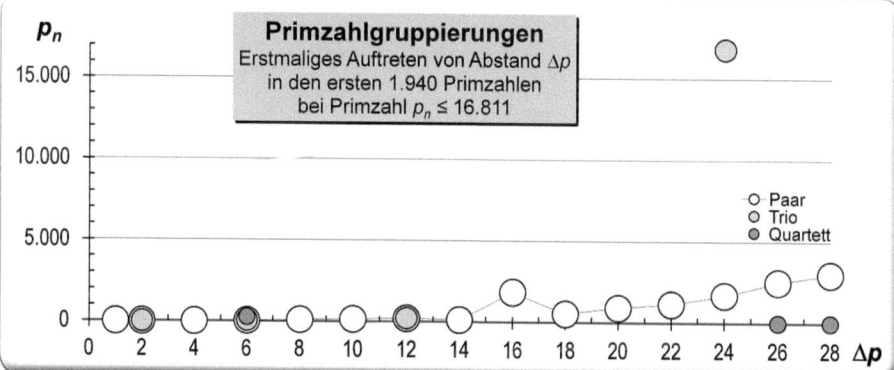

Graph 18: Erstmaliges Auftreten einer Primzahlgruppierung mit Abstand $1 \leq \Delta p \leq 28$, $p_n \leq 16.811$

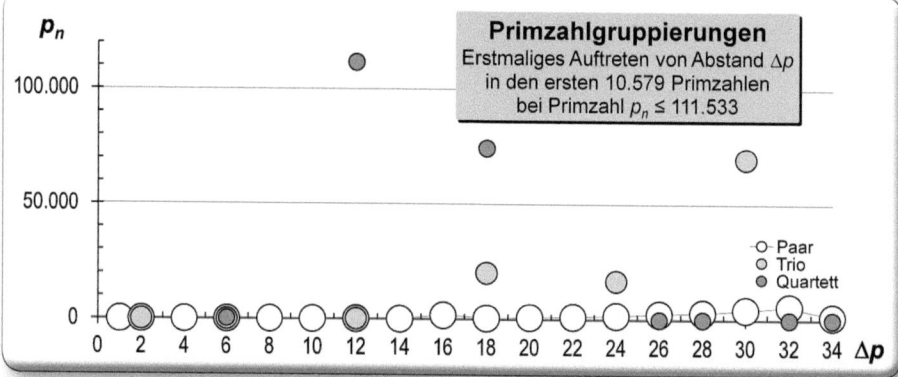

Graph 19: Erstmaliges Auftreten einer Primzahlgruppierung mit Abstand $1 \leq \Delta p \leq 34$, $p_n \leq 111.533$

3 Primzahlgruppierungen

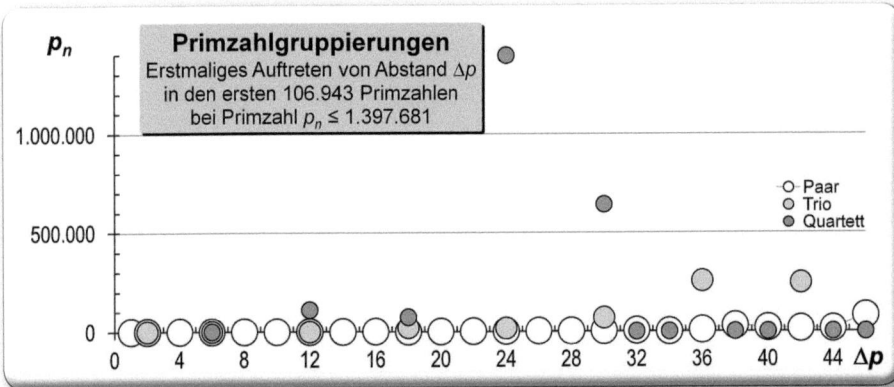

Graph 20: Erstmaliges Auftreten einer Primzahlgruppierung mit Abstand $1 \leq \Delta p \leq 46$, $p_n \leq 1.397.681$

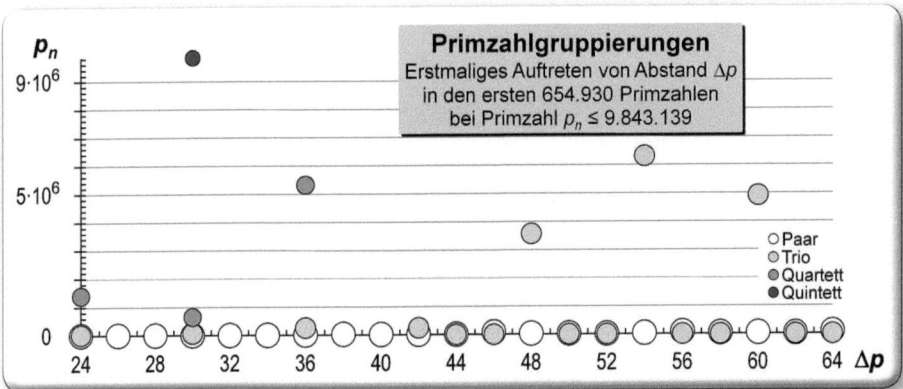

Graph 21: Erstmaliges Auftreten einer Gruppierung mit Abstand $24 \leq \Delta p \leq 64$, $p_n \leq 9.843.139$

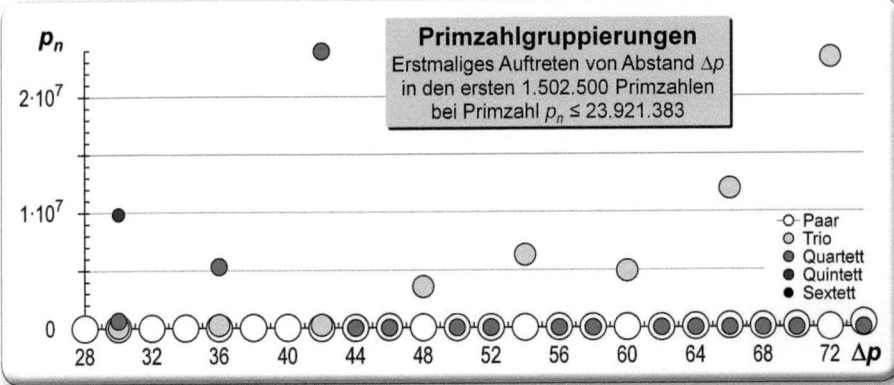

Graph 22: Erstmaliges Auftreten einer Gruppierung mit Abstand $28 \leq \Delta p \leq 74$, $p_n \leq 23.921.383$

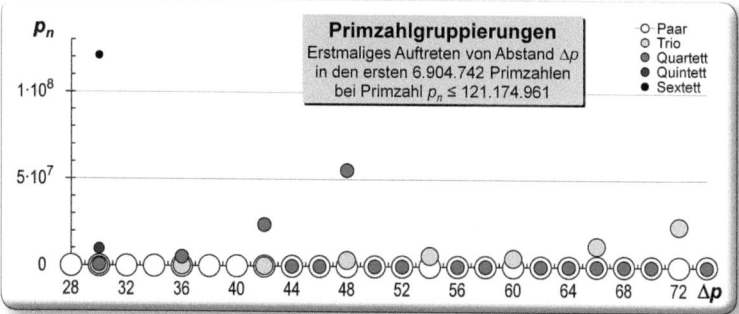
Graph 23: Erstmaliges Auftreten einer Gruppierung mit Abstand $28 \leq \Delta p \leq 74$, $p_n \leq 121.174.961$

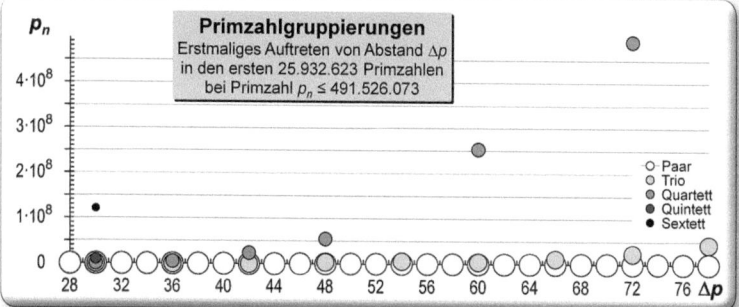
Graph 24: Erstmaliges Auftreten einer Gruppierung mit Abstand $28 \leq \Delta p \leq 78$, $p_n \leq 491.526.073$

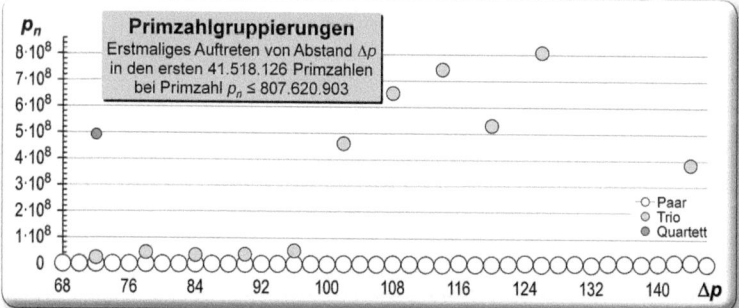
Graph 25: Erstmaliges Auftreten einer Gruppierung mit Abstand $68 \leq \Delta p \leq 146$, $p_n \leq 807.620.903$

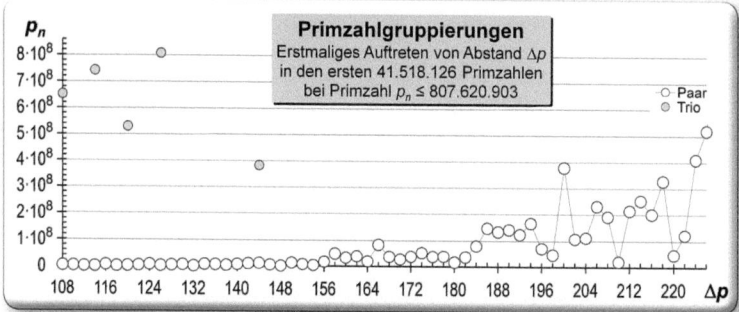
Graph 26: Erstmaliges Auftreten einer Gruppierung mit Abstand $108 \leq \Delta p \leq 226$, $p_n \leq 807.620.903$

3.2.6 Varianten äquidistanter Primzahlgruppierungen

Die folgende Tabelle enthält die erstmalig auftretenden Endziffervarianten von **Primzahltrios**.[10]

Δp	p_1	p_2	p_3	Bem.	Δp	p_1	p_2	p_3	Bem.
2^1	3	5	7	Inhom.	60	4.911.251	4.911.311	4.911.371	Hom.
6^2	47	53	59	Inhom.	66	12.012.677	12.012.743	12.012.809	Inhom.
	151	157	163		72	23.346.737	23.346.809	23.346.881	Hom.
12^2	199	211	223	Hom.	78	43.607.351	43.607.429	43.607.507	Inhom.
	4.397	4.409	4.421		84	34.346.203	34.346.287	34.346.371	Hom.
18^2	20.183	20.201	20.219	Inhom.	90	36.598.517	36.598.607	36.598.697	Inhom.
	29.251	29.269	29.287		96	51.041.957	51.042.053	51.042.149	Hom.
24^2	16.763	16.787	16.811	Hom.	102	460.475.467	460.475.569	460.475.671	Inhom.
	40.039	40.063	40.087		108	652.576.321	652.576.429	652.576.537	Hom.
30^2	69.593	69.623	69.653	Inhom.	114	742.585.183	742.585.297	742.585.411	Inhom.
	110.651	110.681	110.711		120	530.324.329	530.324.449	530.324.569	Hom.
	134.609	134.639	134.669		126	807.620.651	807.620.777	807.620.903	Inhom.
	288.647	288.677	288.707		132	—	—	—	Hom.
36	255.767	255.803	255.839	Hom.	138	—	—	—	Inhom.
42	247.099	247.141	247.183	Inhom.	144	383.204.539	383.204.683	383.204.827	Hom.
48	3.565.931	3.565.979	3.566.027	Hom.	30 k	Trios mit durch 30 teilbarem Abstand Δp sind dunkelgrau unterlegt.			
54	6.314.393	6.314.447	6.314.501	Inhom.					

Tabelle 8a: Erstmalig auftretende Endziffervarianten der Primzahltrios, $p \leq 982.451.653$

1 Dies ist das einzige Primzahltrio mit $\Delta p = 2$.
2 Für die Abstände $\Delta p \leq 30$ sind alle erstmalig auftretenden Endziffervarianten gelistet.

Allgemeine Form der Primzahlen von Trios $(p_0, p_1, p_2) = (p_0, p_0 + \Delta p, p_0 + 2\Delta p)$[11]

p_i	Δp	Endziffer von p_0	z	n_{min}	Endziffer von p_0	z	n_{min}	Bemerkung
$10n + i \cdot \Delta p + z$, $n \in \mathbb{N}$	6	...7	7	4	...1	1	15	Inhomogen
	12	...9	9	19	...7	7	439	Homogen
	18	...3	3	2.018	...1	1	2.925	Inhomogen
	24	...3	3	1.676	...9	9	4.003	Homogen
	30	...1	1	11.065	...3	3	6.959	Inhomogen
		...7	7	22.864	...9	9	13.460	
	36	...7	7	25.576	...1	1	70.432	Homogen
	42	...9	9	24.709	...7	7	68.946	Inhomogen
	48	...1	1	356.593	...3	3	365.386	Homogen
	54	...3	3	631.439	...9	9	785.510	Inhomogen
	60	...1	1	491.125	...3	3	911.326	Homogen
		...7	7	1.135.579	...9	9	530.953	
	66	...7	7	1.201.267	...1	1	1.340.833	Inhomogen
	72	...7	7	2.334.673	...9	9	2.544.328	Homogen
	78	...1	1	4.360.735	...3	3	7.208.357	Inhomogen
	84	...3	3	3.434.620	...9	9	3.677.201	Homogen
	90	...1	1	7.513.878	...3	3	6.459.013	Inhomogen
		...7	7	3.659.851	...9	9	5.908.304	
	96	...7	7	5.104.195	...1	1	37.324.371	Homogen
	102	...7	7	46.047.546	...9	9	61.925.969	Inhomogen
	108	...1	1	65.257.632	...3	3	65.289.283	Homogen
	114	...3	3	74.258.518	(?)	(?)	(?)	Inhomogen
	120	...1	1	(?)	...3	3	(?)	Homogen
		...7	7	(?)	...9	9	53.032.432	
	126	...1	1	80.762.065	(?)	(?)	(?)	Inhomogen
	132	(?)	(?)	(?)	(?)	(?)	(?)	Homogen
	138	(?)	(?)	(?)	(?)	(?)	(?)	Inhomogen
	144	...9	9	38.320.453	(?)	(?)	(?)	Homogen
	...	...	...	...	...	...	...	

Tabelle 8b: Allgemeine Form der Primzahlen von Trios

$n = n_{min}$ für den erstmaligen Auftritt des Primzahltrios mit dem Abstand Δp und der p_0-Endziffer z.

10 ➪ 3.2.3.2.1 *Einschränkung für den Abstand in Trios*.
11 ➪ Satz (S22).

3.2 Äquidistante Primzahlgruppierungen

Tabelle 9a enthält die erstmalig auftretenden Endziffervarianten von **Primzahlquartetten**.[12]

Δp	p_1	p_2	p_3	p_4	Bemerkung	
6	251	257	263	269	Inhomogen	
12	111.497	111.509	111.521	111.533	Homogen	Für Abstände
18	74.453	74.471	74.489	74.507	Inhomogen	Δp ≤ 30 sind
24	1.397.609	1.397.633	1.397.657	1.397.681	Homogen	alle erstmalig auftretenden
30	642.427 1.058.861 3.432.903 5.072.269	642.457 1.058.891 3.432.933 5.072.299	642.487 1.058.921 3.432.963 5.072.329	642.517 1.058.951 3.432.993 5.072.359	Inhomogen	Endziffervarianten angegeben!
36	5.321.191	5.321.227	5.321.263	5.321.299	Homogen	
42	23.921.257	23.921.299	23.921.341	23.921.383	Inhomogen	
48	55.410.683	55.410.731	55.410.779	55.410.827	Homogen	
54	400.948.369	400.948.423	400.948.477	400.948.531	Inhomogen	
60	253.444.777 271.386.581 286.000.489 415.893.013	253.444.837 271.386.641 286.000.549 415.893.073	253.444.897 271.386.701 286.000.609 415.893.133	253.444.957 271.386.761 286.000.669 415.893.163	Homogen	Besonders früh auftretende Quartette dunkelgrau
66	—	—	—	—	Inhomogen	
72	491.525.857	491.525.929	491.526.001	491.526.073	Homogen	

Tabelle 9a: Erstmalig auftretende Endziffervarianten der Primzahlquartette, $p ≤ 982.451.653$

Allgemeine Form der Primzahlen von Quartetten[13]

$$(p_1, p_2, p_3, p_4) = (p_1, p_1 + \Delta p, p_1 + 2\Delta p, p_1 + 3\Delta p)$$

p_i	Δp	z	n_{min}	z	n_{min}	z	n_{min}	z	n_{min}	Bemerkung
	6	1	24							Inhomogen
	12	7	11.148							Homogen
	18	3	7.443							Inhomogen
$10n + i \cdot \Delta p + 5$,	24	9	139.758							Homogen
$n \in \mathbb{N}$,	36	1	532.115							Inhomogen
$p_1 = ...z$	42	7	2.392.121							Homogen
(letzte Ziffer)	48	3	5.541.063							Inhomogen
	54	9	40.094.831							Homogen
	66	1	(?)							Inhomogen
	72	7	49.152.578							Homogen
	...	...	...	...	...	...	...	...	...	...
$10n + i \cdot \Delta p + z$,	30	7	64.239	1	105.883	3	343.287	9	507.196	Inhomogen
$n \in \mathbb{N}$	60	7	25.344.471	1	27.138.652	9	28.600.042	3	41.589.241	Homogen
	...	...	...	...	...	...	...	...	...	...

Tabelle 9b: Allgemeine Form der Primzahlen von Quartetten

$n = n_{min}$ für den erstmaligen Auftritt des Quartetts mit dem Abstand Δp und der p_1-Endziffer z.

Primzahlquintette existieren nur mit Abständen $30 | \Delta p$.[14] Für $p ≤ 982.451.653$ kommen nur Quintette mit Δp = 30 vor. Ihre vier Endziffervarianten treten erstmalig auf bei:

Δp	p_1	p_2	p_3	p_4	p_5	Bemerkung
30	9.843.019 71.427.757 98.150.021 99.591.433	9.843.049 71.427.787 98.150.051 99.591.463	9.843.079 71.427.817 98.150.081 99.591.493	9.843.109 71.427.847 98.150.111 99.591.523	9.843.139 71.427.877 98.150.141 99.591.553	Inhomogen

Tabelle 10a: Erstmalig auftretende Endziffervarianten der Primzahlquintette, $p ≤ 982.451.653$

Allgemeine Form der Primzahlen von Quintetten[15]:

$$(p_1, p_2, p_3, p_4, p_5) = (p_1, p_1 + \Delta p, p_1 + 2\Delta p, p_1 + 3\Delta p, p_1 + 4\Delta p)$$
$$p_i = 10n + i \cdot \Delta p + z \qquad \text{für } \Delta p = 30, \text{ Endziffern von } p_i = z \in \{1; 3; 7; 9\}, n \in \mathbb{N}$$

---

12 ↪3.2.3.3.1 *Einschränkung für den Abstand in Quartetten*.
13 ↪Satz (S22).
14 ↪3.2.3.4.1 *Einschränkung für den Abstand in Quintetten und Sextetten*.
15 ↪Satz (S22).

28 — 3 Primzahlgruppierungen

Primzahlquintette, ausschließlich mit $\Delta p = 30$, also inhomogen; Auswahl[16]:

#	p_1	p_2	p_3	p_4	p_5	Anzahl
1.000.000	9.843.019	9.843.049	9.843.079	9.843.109	9.843.139	1
2.000.000	(Kein Quintett im Bereich der Primzahlen # 1.000.001 – 2.000.000)[1]					0
3.000.000	37.772.429	37.772.459	37.772.489	37.772.519	37.772.549	1
4.000.000	53.868.649	53.868.679	53.868.709	53.868.739	53.868.769	1
5.000.000	71.427.757	71.427.787	71.427.817	71.427.847	71.427.877	3
6.000.000	98.150.021	98.150.051	98.150.081	98.150.111	98.150.141	2
	99.591.433	99.591.463	99.591.493	99.591.523	99.591.553	
7.000.000[2]	104.436.889	104.436.919	104.436.949	104.436.979	104.437.009	5
8.000.000	(Kein Quintett im Bereich der Primzahlen # 7.000.001 – 8.000.000)[1]					0
9.000.000	(Kein Quintett im Bereich der Primzahlen # 8.000.001 – 9.000.000)[1]					0
10.000.000	168.236.119	168.236.149	168.236.179	168.236.209	168.236.239	1
11.000.000	(Kein Quintett im Bereich der Primzahlen # 10.000.001 – 11.000.000)[1]					0
12.000.000	199.450.099	199.450.129	199.450.159	199.450.189	199.450.219	4
13.000.000	230.952.859	230.952.889	230.952.919	230.952.949	230.952.979	3
14.000.000	253.412.317	253.412.347	253.412.377	253.412.407	253.412.437	1
15.000.000	263.651.161	263.651.191	263.651.221	263.651.251	263.651.281	2
16.000.000	294.485.363	294.485.393	294.485.423	294.485.453	294.485.483	1
17.000.000	296.239.787	296.239.817	296.239.847	296.239.877	296.239.907	3
18.000.000	318.764.189	318.764.219	318.764.249	318.764.279	318.764.309	3
19.000.000	338.176.547	338.176.577	338.176.607	338.176.637	338.176.667	2
20.000.000	(Kein Quintett im Bereich der Primzahlen # 19.000.001 – 20.000.000)[1]					0
21.000.000	379.880.889	379.880.919	379.880.949	379.880.979	379.880.009	1
22.000.000	409.838.123	409.838.153	409.838.183	409.838.213	409.838.243	2
23.000.000	424.153.669	424.153.699	424.153.729	424.153.759	424.153.789	1
24.000.000	(Kein Quintett im Bereich der Primzahlen # 23.000.001 – 24.000.000)[1]					0
25.000.000	454.138.211	454.138.241	454.138.271	454.138.301	454.138.331	2
26.000.000	(Kein Quintett im Bereich der Primzahlen # 25.000.001 – 26.000.000)[1]					0
27.000.000	494.985.941	494.985.971	494.986.001	494.986.031	494.986.061	2
28.000.000	514.395.457	514.395.487	514.395.517	514.395.547	514.395.577	1
29.000.000	(Kein Quintett im Bereich der Primzahlen # 28.000.001 – 29.000.000)[1]					0
30.000.000	557.073.967	557.073.997	557.074.027	557.074.057	557.074.087	3
31.000.000	575.091.337	575.091.367	575.091.397	575.091.427	575.091.457	1
32.000.000	604.948.577	604.948.607	604.948.637	604.948.667	604.948.697	1
33.000.000	628.222.247	628.222.277	628.222.307	628.222.337	628.222.367	2
34.000.000	(Kein Quintett im Bereich der Primzahlen # 33.000.001 – 34.000.000)[1]					0
35.000.000	654.377.861	654.377.891	654.377.921	654.377.951	654.377.981	2
36.000.000	679.277.111	679.277.141	679.277.171	679.277.201	679.277.231	2
37.000.000	697.349.699	697.349.729	697.349.759	697.349.789	697.349.819	4
38.000.000	726.076.381	726.076.411	726.076.441	726.076.471	726.076.501	2
39.000.000	741.844.751	741.844.781	741.844.811	741.844.841	741.844.871	1
40.000.000	757.216.723	757.216.753	757.216.783	757.216.813	757.216.843	2
41.000.000	792.583.977	792.583.007	792.583.037	792.583.067	792.583.097	1
42.000.000	798.224.431	798.224.461	798.224.491	798.224.521	798.224.551	3
43.000.000	830.839.783	830.839.813	830.839.843	830.839.873	830.839.903	1
44.000.000	839.733.647	839.733.677	839.733.707	839.733.737	839.733.767	4
45.000.000	868.170.431	868.170.461	868.170.491	868.170.521	868.170.551	3
46.000.000	(Kein Quintett im Bereich der Primzahlen # 45.000.001 – 46.000.000)[1]					0
47.000.000	915.176.959	915.176.989	915.177.019	915.177.049	915.177.079	2
48.000.000	933.640.801	933.640.831	933.640.861	933.640.891	933.640.921	1
49.000.000	955.221.299	955.221.329	955.221.359	955.221.389	955.221.419	3
50.000.000	962.889.883	962.889.913	962.889.943	962.889.973	962.890.003	5

Tabelle 10b: Primzahlquintette (Auswahl), $p \leq 982.451.653$ Summe: **85**

1 Es existieren jedoch mehrere Dutzend Primzahlquartette mit $\Delta p = 30$.
2 Es existiert das Primzahlsextett
(121.174.811; 121.174.841; 121.174.871; 121.174.901; 121.174.931; 121.174.961), also ebenfalls mit $\Delta p = 30$.

---

[16] Diese Liste zeigt jeweils das erste Quintett der Primzahlenteillisten, die jede 1 Million Primzahlen enthalten. In der #-Spalte ist die laufende Nr. der letzten Primzahl dieser Teilliste eingetragen. Die Spalte *Anzahl* enthält die Anzahl der Quintette der jeweiligen Teilliste.

3.2.7 Äquidistante Gruppierungen von pythagoreischen Primzahlen

3.2.7.1 5er-Gruppierungen von pythagoreischen Primzahlen

In einer lückenlosen Liste von pythagoreischen Primzahlen 34.353.304.409 ≤ p ≤ 35.389.175.209 wurden 43 pP-5er-Gruppierungen gefunden. Ihr Abstand unterliegt nach Satz (S25) und Satz (S13.2) der Einschränkung $\Delta p = 60k$, $k \in \mathbb{N}$.

pP-5er-Gruppierungen sind also stets homogen. Ihr Abstand ist im untersuchten Wertebereich ausnahmslos 60. Nicht alle angegebenen pP der 5er-Gruppierungen sind benachbart, d. h. in jeder 5er-Gruppierung existieren zwischen ihnen Primzahlen 2. Art. Deshalb haben wir sie nicht als Quintette bezeichnet.

Δp	p_1	p_2	p_3	p_4	p_5
60	34.363.655.621	34.363.655.681	34.363.655.741	34.363.655.801	34.363.655.861
	34.392.240.457	34.392.240.517	34.392.240.577	34.392.240.637	34.392.240.697
	34.400.267.801	34.400.267.861	34.400.267.921	34.400.267.981	34.400.268.041
	34.423.259.077	34.423.259.137	34.423.259.197	34.423.259.257	34.423.259.317
	34.446.128.837	34.446.128.897	34.446.128.957	34.446.129.017	34.446.129.077
	34.453.651.933	34.453.651.993	34.453.652.053	34.453.652.113	34.453.652.173
	34.480.903.829	34.480.903.889	34.480.903.949	34.480.904.009	34.480.904.069
	34.519.700.681	34.519.700.741	34.519.700.801	34.519.700.861	34.519.700.921
	34.537.550.737	34.537.550.797	34.537.550.857	34.537.550.917	34.537.550.977
	34.538.213.417	34.538.213.477	34.538.213.537	34.538.213.597	34.538.213.657
	34.542.373.237	34.542.373.297	34.542.373.357	34.542.373.417	34.542.373.477
	34.569.280.481	34.569.280.541	34.569.280.601	34.569.280.661	34.569.280.721
	34.578.689.461	34.578.689.521	34.578.689.581	34.578.689.641	34.578.689.701
	34.607.871.869	34.607.871.929	34.607.871.989	34.607.872.049	34.607.872.109
	34.653.946.013	34.653.946.073	34.653.946.133	34.653.946.193	34.653.946.253
	34.678.266.809	34.678.266.869	34.678.266.929	34.678.266.989	34.678.267.049
	34.688.686.057	34.688.686.117	34.688.686.177	34.688.686.237	34.688.686.297
	34.711.686.073	34.711.686.133	34.711.686.193	34.711.686.253	34.711.686.313
	34.731.470.029	34.731.470.089	34.731.470.149	34.731.470.209	34.731.470.269
	34.759.857.637	34.759.857.697	34.759.857.757	34.759.857.817	34.759.857.877
	34.761.480.037	34.761.480.097	34.761.480.157	34.761.480.217	34.761.480.277
	34.793.487.761	34.793.487.821	34.793.487.881	34.793.487.941	34.793.488.001
	34.794.984.337	34.794.984.397	34.794.984.457	34.794.984.517	34.794.984.577
	34.816.033.393	34.816.033.453	34.816.033.513	34.816.033.573	34.816.033.633
	34.825.095.733	34.825.095.793	34.825.095.853	34.825.095.913	34.825.095.973
	34.829.675.269	34.829.675.329	34.829.675.389	34.829.675.449	34.829.675.509
	34.874.131.181	34.874.131.241	34.874.131.301	34.874.131.361	34.874.131.421
	34.889.996.849	34.889.996.909	34.889.996.969	34.889.997.029	34.889.997.089
	34.900.377.401	34.900.377.461	34.900.377.521	34.900.377.581	34.900.377.641
	34.907.410.609	34.907.410.669	34.907.410.729	34.907.410.789	34.907.410.849
	34.931.589.701	34.931.589.761	34.931.589.821	34.931.589.881	34.931.589.941
	34.955.419.409	34.955.419.469	34.955.419.529	34.955.419.589	34.955.419.649
	34.955.834.873	34.955.834.933	34.955.834.993	34.955.835.053	34.955.835.113
	34.962.136.577	34.962.136.637	34.962.136.697	34.962.136.757	34.962.136.817
	34.975.278.181	34.975.278.241	34.975.278.301	34.975.278.361	34.975.278.421
	34.999.655.237	34.999.655.297	34.999.655.357	34.999.655.417	34.999.655.477
	35.050.554.449	35.050.554.509	35.050.554.569	35.050.554.629	35.050.554.689
	35.119.219.661	35.119.219.721	35.119.219.781	35.119.219.841	35.119.219.901
	35.126.666.849	35.126.666.909	35.126.666.969	35.126.667.029	35.126.667.089
	35.152.838.473	35.152.838.533	35.152.838.593	35.152.838.653	35.152.838.713
	35.231.714.137	35.231.714.197	35.231.714.257	35.231.714.317	35.231.714.377
	35.277.853.069	35.277.853.129	35.277.853.189	35.277.853.249	35.277.853.309
	35.323.709.089	35.323.709.149	35.323.709.209	35.323.709.269	35.323.709.329

Tabelle 10c: 5er-Gruppierungen von pythagoreischen Primzahlen, 34.353.304.409 ≤ p ≤ 35.389.175.209. Rahmen(!) um pP, zwischen denen keine Primzahlen 2. Art vorkommen

3.2.7.2 6er-Gruppierungen von pythagoreischen Primzahlen

In der vorliegenden Liste von pythagoreischen Primzahlen 34.353.304.409 ≤ p ≤ 35.389.175.209 wurde eine einzige pP-6er-Gruppierung gefunden, jeweils mit einer Primzahl 2. Art dazwischen. Ihr Abstand unterliegt der gleichen Einschränkung wie die 5er-Gruppierungen und ist $\Delta p = 60$:
(35.278.900.297; 35.278.900.357; 35.278.900.417; 35.278.900.477; 35.278.900.537; 35.278.900.597)

3.2.8 Zählung der Primzahlgruppierungen
3.2.8.1 Anzahlen von Primzahlpaaren[17]

Δp	Anzahl p<x	Anzahl p≤y	Δp	Anzahl p<x	Anzahl p≤y	Δp	Anzahl p<x	Anzahl p≤y	Δp	Anzahl p<x	Anzahl p≤y
1^1	1	1	72	803	123.631	144	1	1.519	216	0	14
2^2	88.532	3.370.444	74	414	61.259	146	1	646	218	0	6
4^3	88.281	3.370.830	76	332	54.043	148	2	706	220	0	11
6^3	116.485	4.906.292	78	635	102.936	150	1	1.445	222	0	11
8	64.548	2.652.024	80	296	52.435	152	1	491	224	0	6
10	82.778	3.428.655	82	204	37.194	154	3	574	226	0	6
12	84.503	3.787.045	84	445	76.269	156	0	779	228	0	3
14	54.425	2.424.513	86	124	27.250	158	0	297	230	0	3
16	38.829	1.815.769	88	122	28.296	160	0	353	232	0	1
18	61.305	2.958.358	90	288	56.662	162	0	523	234	0	13
20	34.835	1.793.670	92	81	18.893	164	0	244	236	0	5
22	30.530	1.543.363	94	77	17.275	166	0	174	238	0	1
24	40.265	2.185.900	96	127	30.379	168	0	432	240	0	4
26	19.542	1.100.347	98	55	15.819	170	0	190	242	0	4
28	21.263	1.198.457	100	76	16.541	172	0	150	244	0	2
30	33.232	2.046.823	102	66	21.861	174	0	248	246	0	4
32	10.442	671.833	104	37	10.083	176	0	123	248	0	4
34	10.927	707.019	106	28	8.510	178	0	102	250	0	4
36	16.475	1.131.476	108	53	15.090	180	0	195	252	0	1
38	7.462	539.037	110	29	8.862	182	0	76	254	0	0
40	8.891	637.361	112	20	6.959	184	0	84	256	0	0
42	11.820	917.970	114	37	10.609	186	0	98	258	0	0
44	4.681	382.631	116	15	4.599	188	0	33	260	0	1
46	3.960	328.663	118	9	4.384	190	0	62	262	0	0
48	6.480	557.078	120	22	9.377	192	0	74	264	0	0
50	3.579	322.040	122	7	2.890	194	0	30	266	0	0
52	2.521	241.310	124	7	3.068	196	0	39	268	0	0
54	4.195	398.120	126	18	5.726	198	0	69	270	0	0
56	1.927	207.525	128	4	2.000	200	0	28	272	0	0
58	1.816	178.565	130	2	2.750	202	0	23	274	0	0
60	3.304	360.254	132	10	3.433	204	0	45	276	0	1
62	946	113.305	134	5	1.450	206	0	13	278	0	0
64	1.006	116.617	136	4	1.265	208	0	16	280	0	0
66	1.718	211.344	138	6	2.528	210	0	46	282	0	1
68	644	86.630	140	4	1.475	212	0	12	284	0	0
70	947	123.079	142	2	934	214	0	11	286	0	0

Tabelle 11: Anzahlen von Primzahlpaaren, $p < x$ = 16.000.000 und $p \le y$ = 982.451.653

1 Der Abstand Δp = 1 existiert nur ein einziges Mal, und zwar im Primzahlpaar (2; 3).

2 Primzahlpaare mit dem Abstand Δp=2 nennt man **Primzahlzwillinge** (⌨3.3.1 *Namen von Primzahlmehrlingen*).

3 Paare mit dem Abstand Δp=4 nennt man **Primzahl-Cousinen**, Paare mit Δp=6 nennt man **sexy Primzahlen** (⌨3.2.1 *Namen äquidistanter Primzahlgruppierungen*). Primzahlpaare mit durch 6 teilbarem Abstand Δp sind dunkelgrau unterlegt.

---
17 **Paare** sind hier nicht gezählt, wenn sie Teil eines **Trios**, **Quartetts** oder **Quintetts** sind.

3.2.8.2 Anzahlen von Trios, Quartetten, Quintetten und Sextetten

Abstand Δp	-Trios		-Quartette		-Quintette		-Sextette	
	$p < x$	$p \leq y$	$p < x$	$p \leq y$	$p < x$	$p \leq y$	$p < x$	$p \leq y$
2^1	1	1	—		—		—	
6	14.801	480.223	1.619	42.112				
12	7.465	280.438	456	16.138				
18	3.381	157.566	164	7.337	—		—	
24	1.404	67.723	25	2.185				
30^2	907	42.694	33	2.598	1	83	0	1
36	190	9.301	3	246				
42^3	119	9.368	0	165				
48	37	4.768	0	20	—		—	
54	10	2.514	0	6				
60	9	2.252	0	17	0	0	0	0
66	4	601	0	0				
72	0	229	0	1				
78	0	143	0	0	—		—	
84	0	86	0	0				
90	0	62	0	0	0	0	0	0
96	0	18	0	0				
102	0	7	0	0				
108	0	5	0	0	—		—	
114	0	3	0	0				
120	0	2	0	0	0	0	0	0
126	0	1	0	0				
132	0	0	0	0				
138	0	0	0	0	—		—	
144	0	1	0	0				
150	0	0	0	0	0	0	0	0

Tabelle 12: Anzahlen von Primzahltrios, -quartetten, -quintetten und -sextetten
$p < x = 16.000.000$ und $p \leq y = 982.451.653$

1 Es existiert nur ein einziges Primzahltrio mit dem Abstand $\Delta p = 2$, das ist (3; 5; 7); Quartette, Quintette oder Sextette mit $\Delta p = 2$ sind nach Satz **(S24)** nicht möglich.

2 Primzahltrios mit durch 30 teilbarem Abstand Δp sind dunkelgrau unterlegt.

3 Nicht mögliche Gruppierungen (—) oder nicht vorgefundene (0) sind hellgrau unterlegt.

Im Bereich der ersten 1.031.130 Primzahlen, $p < 16.000.000$, existiert nur ein einziges **Primzahlquintett**, und zwar konform zu den angegebenen Einschränkungen für Quintette mit $\Delta p = 30$:

(9.843.01**9**; 9.843.049; 9.843.079; 9.843.109; 9.843.13**9**)

Für $p < 16.000.000$ gibt es keine **Gruppierungen mit mehr als fünf Primzahlen** in gleichem Abstand.

Im Bereich der ersten 50.000.000 Primzahlen, $p \leq 982.451.653$, existiert nur ein einziges **Primzahlsextett**, ebenfalls mit $\Delta p = 30$ und somit konform zu den angegebenen Einschränkungen für Sextette:

(121.174.81**1**; 121.174.841; 121.174.871; 121.174.90**1**; 121.174.93**1**; 121.174.96**1**)

Im Bereich der ersten 50.000.000 Primzahlen gibt es keine **Gruppierungen mit mehr als sechs Primzahlen** in gleichem Abstand.

Die folgenden zehn Graphen zeigen die Anzahlen von Gruppierungen aufeinander folgender Primzahlen der Tabellen *11* und *12*, die alle den gleichen Abstand zueinander haben.[18]

---

18 Eine **Gruppierung** wird hier nicht gezählt, wenn sie **Teil einer größeren Gruppierung** ist; ↝ Tabelle *11*.

3 Primzahlgruppierungen

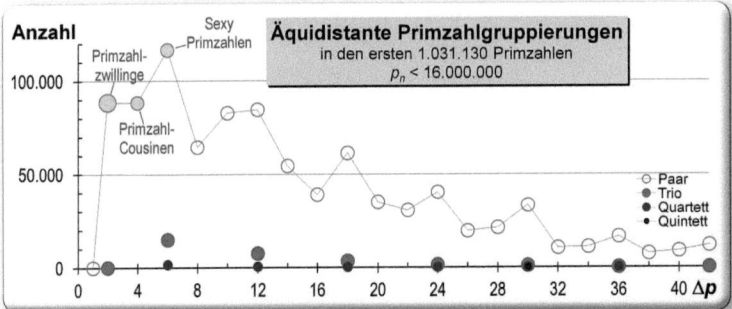

Graph 27: Anzahl äquidistanter Primzahlgruppierungen, $1 \leq \Delta p \leq 42$, $p_n < 16.000.000$

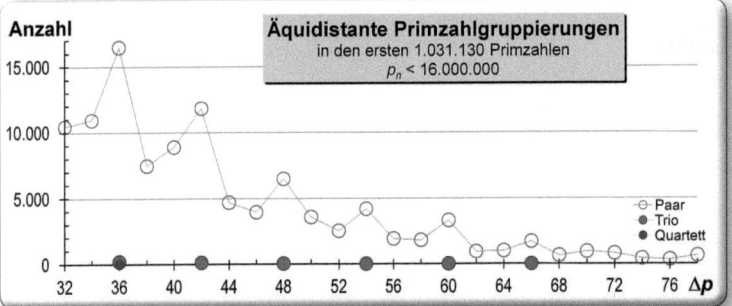

Graph 28: Anzahl äquidistanter Primzahlgruppierungen, $32 \leq \Delta p \leq 78$, $p_n < 16.000.000$

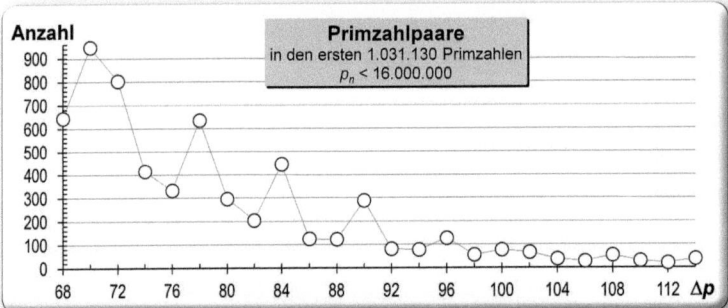

Graph 29: Anzahl von Primzahlpaaren, $68 \leq \Delta p \leq 114$, $p_n < 16.000.000$

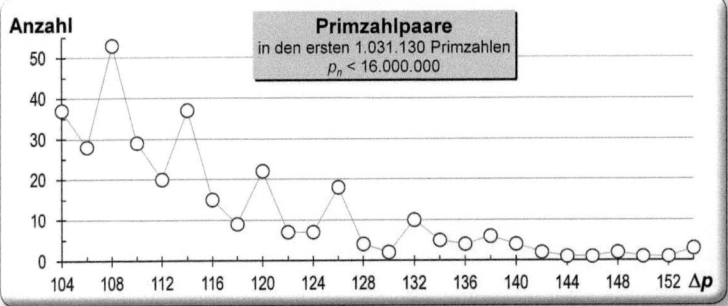

Graph 30: Anzahl von Primzahlpaaren, $104 \leq \Delta p \leq 154$, $p_n < 16.000.000$

3.2 Äquidistante Primzahlgruppierungen

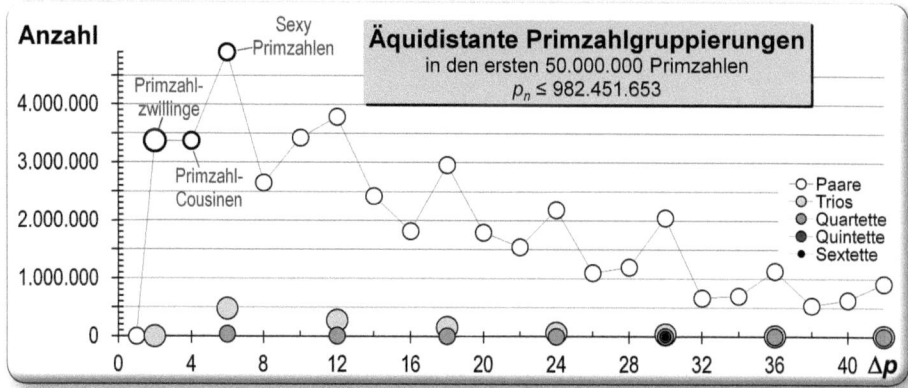
Graph 31: Anzahl äquidistanter Primzahlgruppierungen, $1 \leq \Delta p \leq 42$, $p_n \leq 982.451.653$

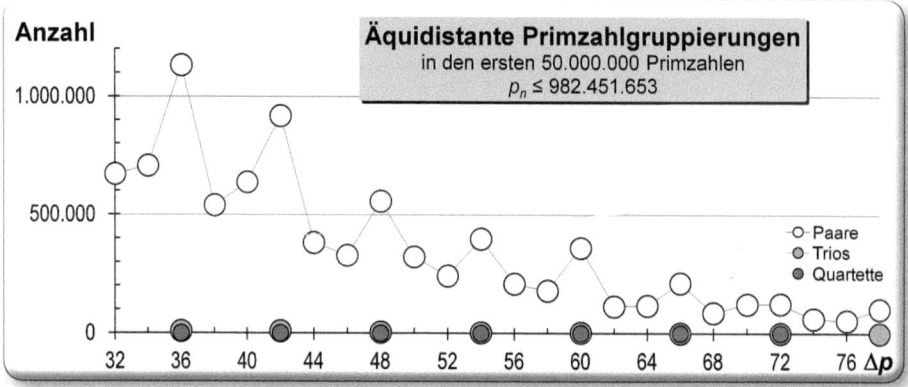
Graph 32: Anzahl äquidistanter Primzahlgruppierungen, $32 \leq \Delta p \leq 78$, $p_n \leq 982.451.653$

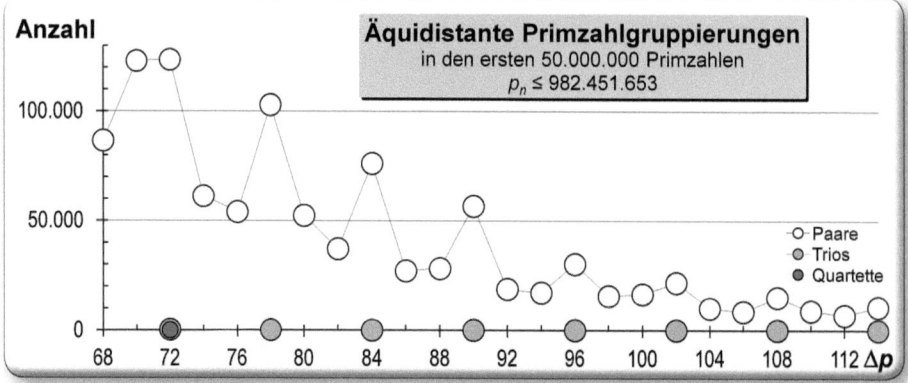
Graph 33: Anzahl äquidistanter Primzahlgruppierungen, $68 \leq \Delta p \leq 114$, $p_n \leq 982.451.653$

3 Primzahlgruppierungen

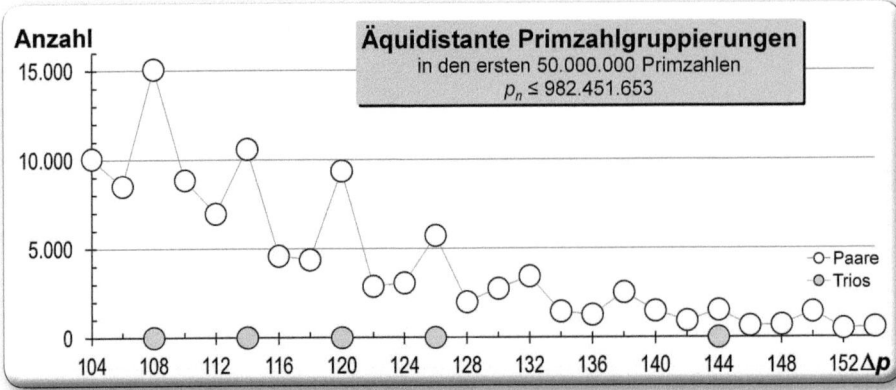

Graph 34: Anzahl äquidistanter Primzahlgruppierungen, $104 \leq \Delta p \leq 154$, $p_n \leq 982.451.653$

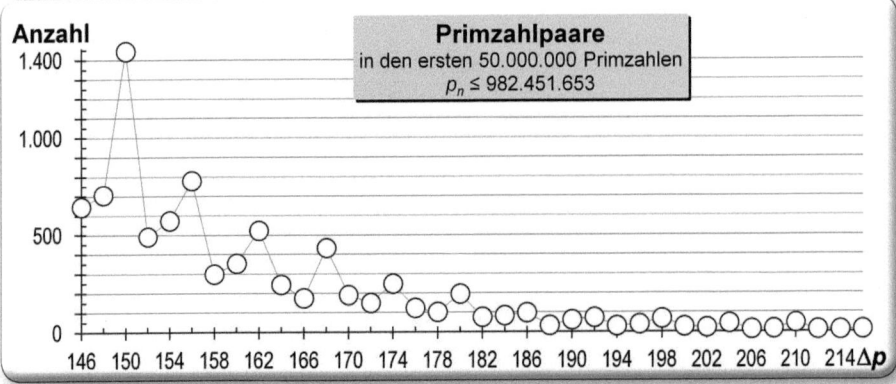

Graph 35: Anzahl von Primzahlpaaren, $146 \leq \Delta p \leq 216$, $p_n \leq 982.451.653$

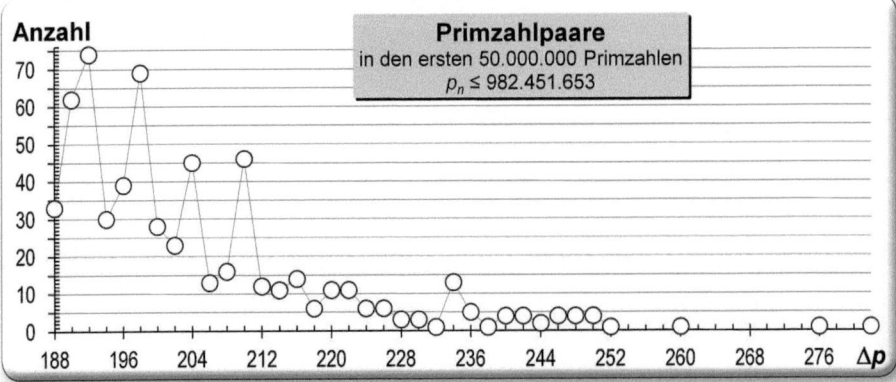

Graph 36: Anzahl von Primzahlpaaren, $188 \leq \Delta p \leq 282$, $p_n \leq 982.451.653$

3.2.9 Summe der Primzahlen von äquidistanten Gruppierungen

Wir benutzen im Folgenden die in den Sätzen von 3.2.3 *Einschränkungen für äquidistante Primzahlgruppierungen* angegebenen Einschränkungen für Abstände.

3.2.9.1 Summe von Primzahlpaaren

Der Beweis zu Satz (S31) wird auf der Basis der allgemeinen Form aller Primzahlen von Satz (S16.4) geführt: $p = 2f \cdot g \pm 1 > 3$ mit $f \in \{1; 2; 3\}$, $g \in \mathbb{N}$. Wir benutzen f zugleich zur Unterscheidung von drei allgemeinen Formen der in Satz (S23) angegebenen Abstände.

(S31) Die **Summe von Primzahlpaaren** mit $p_1 = 2f \cdot g \pm 1$ $\quad p_1 > 3, f \in \{1; 2; 3\}, g \in \mathbb{N}$
und dem Abstand $\Delta p = 2f \cdot n$ $\quad n \in \mathbb{N}$
hat die allgemeine Form $p_1 + p_2 = 2 \cdot (f \cdot k \pm 1)$ $\quad k \in \mathbb{N}, k \geq 3$

Beweis $\quad p_1 = 2f \cdot g \pm 1$ $\quad$ (S16.4)
Folglich: $\quad p_2 = 2f \cdot g \pm 1 + 2f \cdot n$ $\quad$ (S23)
Ihre Summe ist also: $\quad p_1 + p_2 = 4f \cdot g + 2f \cdot n \pm 2$
$\qquad\qquad = 2 \cdot (2f \cdot g + f \cdot n \pm 1)$
$\qquad\qquad = 2 \cdot (f \cdot k \pm 1)$ $\quad k \in \mathbb{N}, k \geq 3$,
wobei p_1 festlegt, ob ‚+' oder ‚−' von ‚±' gilt!

(S32) Die **Summe von Primzahlpaaren** mit $p_1 > 3$ und dem Abstand $\Delta p = 6m + 2$ $\quad m \in \mathbb{N}_0$
hat die allgemeine Form $p_1 + p_2 = 6k$ $\quad k \in \mathbb{N}, k \geq 2$

Beweis $\quad p_1 = 3n + 1$
oder $\quad p_1 = 3n + 2$ $\quad n \in \mathbb{N}$, 3 ist kein Teiler von p_1

Daraus folgt: $\quad p_2 = 3n + 6m + 3$
oder $\quad p_2 = 3n + 6m + 4$

Im ersten Fall gilt: $\quad 3 | p_2$
Deshalb folgt: $\quad p_1 + p_2 = 6n + 6m + 6$
$\qquad\qquad = 6 \cdot (n + m + 1)$
$\qquad\qquad = 6k$ $\quad k \in \mathbb{N}, k \geq 2$

(S33) Die **Summe von Primzahlpaaren** mit $p_1 > 2$ und dem Abstand $\Delta p = 12m + 2$ $\quad m \in \mathbb{N}_0$
hat die allgemeine Form $p_1 + p_2 = 12k$ $\quad k \in \mathbb{N}$

Beweis $\quad p_1 = 2n + 1$ $\quad$ (S16.1)
also: $\quad p_2 = 2n + 12m + 3$
so dass $\quad p_1 + p_2 = 4n + 12m + 4$
$\qquad\qquad = 4 \cdot (n + 3m + 1)$

Also gilt: $\quad 4 | (p_1 + p_2)$

oder $\quad p_1 = 3n + 1$
$\quad p_1 = 3n + 2$ $\quad n \in \mathbb{N}$, 3 ist kein Teiler von p_1

Daraus folgt: $\quad p_2 = 3n + 12m + 3$
oder $\quad p_2 = 3n + 12m + 4$

Im ersten Fall gilt: $\quad 3 | p_2$ $\qquad\qquad$ Wid.
Also folgt: $\quad p_1 + p_2 = 6n + 12m + 6$
Deshalb gilt auch: $\quad 6 | (p_1 + p_2)$
Aus $\quad 4 | (p_1 + p_2)$
und $\quad 6 | (p_1 + p_2)$
folgt $\quad 12 | (p_1 + p_2)$ $\qquad\qquad$ q. e. d.

3.2.9.2 Summe von Primzahltrios

In den Sätzen (S34) bis (S38) legt p_1 fest, ob ,+' oder ,–' von ,±' gilt!

(S34) Die **Summe von Primzahltrios** mit dem Abstand $\Delta p = 6\,m$ hat die allgemeine Form

$$p_1 + p_2 + p_3 = 3 \cdot (6k \pm 1) \qquad k \in \mathbb{N}, k \geq 2$$

Beweis
$$p_1 = 6n \pm 1 \qquad \text{(S16.3)}$$
$$p_2 = 6n \pm 1 + 6m$$
$$p_3 = 6n \pm 1 + 12m$$

mit der Summe: $\quad p_1 + p_2 + p_3 = 18n + 18m \pm 3 = 3 \cdot (6n + 6m \pm 1) = 3 \cdot (6k \pm 1) \quad k \geq 2$

3.2.9.3 Summe von Primzahlquartetten

(S35) Die **Summe von Primzahlquartetten** mit dem Abstand $\Delta p = 6\,m$ hat die allgemeine Form

$$p_1 + p_2 + p_3 + p_4 = 4 \cdot (3k \pm 1) \qquad k \in \mathbb{N}, k \geq 5$$

Beweis $\quad p_1 + p_2 + p_3 = 18n + 18m \pm 3 \qquad$ ↘ Beweis zu (S34)
$$p_4 = 6n + 18m \pm 1$$

$$p_1 + p_2 + p_3 + p_4 = 24n + 36m \pm 4 = 4 \cdot (6n + 9m \pm 1) = 4 \cdot (3k \pm 1) \quad k \geq 5$$

3.2.9.4 Summe von Primzahlquintetten

(S36) Die **Summe von Primzahlquintetten** mit dem Abstand $\Delta p = 30\,m$ hat die allgemeine Form $\quad p_1 + p_2 + p_3 + p_4 + p_5 = 5 \cdot (6k \pm 1) \qquad k \in \mathbb{N}, k \geq 11$

Beweis $\quad p_i = 6n + i \cdot 30m \pm 1 \qquad$ (S16.3) , $i \in \{0; 1; 2; 3; 4\}$

$$p_1 + p_2 + p_3 + p_4 + p_5 = 5 \cdot 6n + 10 \cdot 30m \pm 5 = 5 \cdot (6n + 60m \pm 1) = 5 \cdot (6k \pm 1)$$
$$k \geq 11$$

3.2.9.5 Summe von Primzahlsextetten

(S37) Die **Summe von Primzahlsextetten** mit dem Abstand $\Delta p = 30\,m$ hat die allgemeine Form

$$p_1 + p_2 + p_3 + p_4 + p_5 + p_6 = 6 \cdot (3k \pm 1) \qquad k \in \mathbb{N}, k \geq 27$$

Beweis $\quad p_i = 6n + i \cdot 30m \pm 1 \qquad$ (S16.3) , $i \in \{0; 1; 2; 3; 4; 5\}$

$$p_1 + p_2 + p_3 + p_4 + p_5 + p_6 = 6 \cdot 6n + 15 \cdot 30m \pm 6 = 6 \cdot (6n + 15 \cdot 5m \pm 1) = 6 \cdot (3k \pm 1)$$
$$k \geq 27$$

3.2.9.6 Summe von Primzahlseptetten, -oktetten, -nonetten und -10er-Gruppierungen

(S38) Die **Summe von Primzahlseptetten, -oktetten, -nonetten** und **-10er-Gruppierungen** mit Abstand $\Delta p = 420\,m$ hat die allgemeine Form $\sum p_i = L \cdot (6k \pm 1) \qquad k \in \mathbb{N}$, L = Gruppenlänge.

Beweis für Septette $\quad p_i = 6n + i \cdot 420m \pm 1 \qquad$ (S16.3) , $i \in \{0; 1; 2; 3; 4; 5; 6\}$
$$\sum p_i = 7 \cdot 6n + 21 \cdot 420m \pm 7 = 7 \cdot (6n + 21 \cdot 60m \pm 1) = 7 \cdot (6k \pm 1), k \geq 211$$

Beweis für Oktette $\quad p_i = 6n + i \cdot 420m \pm 1 \qquad$ (S16.3) , $i \in \{0; 1; 2; 3; 4; 5; 6; 7\}$
$$\sum p_i = 8 \cdot 6n + 28 \cdot 420m \pm 8 = 8 \cdot (6n + 7 \cdot 210m \pm 1) = 8 \cdot (6k \pm 1), k \geq 246$$

Beweis für Nonette $\quad p_i = 6n + i \cdot 420m \pm 1 \qquad$ (S16.3) , $i \in \{0; 1; 2; 3; 4; 5; 6; 7; 8\}$
$$\sum p_i = 9 \cdot 6n + 36 \cdot 420m \pm 9 = 9 \cdot (6n + 4 \cdot 420m \pm 1) = 9 \cdot (6k \pm 1), k \geq 281$$

Beweis für 10er-Gruppierungen
$$p_i = 6n + i \cdot 420m \pm 1 \qquad \text{(S16.3)} , i \in \{0; 1; 2; 3; 4; 5; 6; 7; 8; 9\}$$
$$\sum p_i = 10 \cdot 6n + 45 \cdot 420m \pm 10 = 10 \cdot (6n + 45 \cdot 42m \pm 1) = 10 \cdot (6k \pm 1)$$
$$k \geq 316$$

3.3 Primzahlmehrlinge

3.3.1 Namen von Primzahlmehrlingen

Primzahlmehrlinge sind **Cluster** von Primzahlen, also Gruppierungen aufeinander folgender **eng benachbarter Primzahlen**. Sie werden allgemein auch als **Primzahl-k-Tupel** bezeichnet, wenn sie k Primzahlen enthalten.[19] Eigene Namen erhalten sie nur dann, wenn sie **wiederholt** vorkommen. Es gibt nur ein einziges Primzahltrio $(p, p+2, p+4) = (3; 5; 7)$ und als Folge von Satz (S24) kein Primzahlquartett der Form $(p, p+2, p+4, p+6)$ Wir unterscheiden deshalb:

Name	Allgemeine Form	Einzelexemlar
Primzahlzwilling	$(p, p+2)$	
Primzahldrillinge	$(p, p+2, p+6)$ oder $(p, p+4, p+6)$[20]	
Primzahlvierling	$(p, p+2, p+6, p+8)$[21]	
Primzahlfünflinge	$(p, p+2, p+6, p+8, p+12)$ oder $(p, p+4, p+6, p+10, p+12)$	
Sechslingform:	$(p, p+2, p+6, p+8, p+12, p+14) =$	$(5; 7; 11; 13; 17; 19)$
Siebenlingform:	$(p, p+2, p+6, p+8, p+12, p+14, p+18) =$	$(5; 7; 11; 13; 17; 19; 23)$
	$(p, p+4, p+6, p+10, p+12, p+16, p+18)$	(Kommt nicht vor)

Alle Primzahlmehrlinge sind aufgrund ihres Bauprinzips nach Definition (D9) und gemäß Satz (S13.2) inhomogen.

3.3.2 Einschränkungen für Primzahlmehrlinge

(S40) Für jeden **Primzahlzwilling** $(p, p+2)$ mit $p \geq 5$ gilt: $p \equiv 5 \pmod 6$.

Beweis: $p = 6n+1 \Rightarrow p+2 = 6n+3 \Rightarrow 3 \mid p+2 \quad n \in \mathbb{N}$, Wid.

Die Anwendung von Satz (S40) auf p bzw. auf $p+4$ führt zu folgenden allgemeinen Formen[22]:

(S41) Zwillinge $\quad (p, p+2) = (6n-1, 6n+1) \quad n \in \mathbb{N}$
Drillinge, Typ $\quad (p, p+2, p+6) = (6n-1, 6n+1, 6(n+1)-1)$
Typ $\quad (p, p+4, p+6) = (6(n-1)+1, 6n-1, 6n+1)$
Vierllnge $\quad (p, p+2, p+6, p+8) = (6n-1, 6n+1, 6(n+1)-1, 6(n+1)+1)$
Fünflinge, Typ $(p, p+2, p+6, p+8, p+12) = (6n-1, 6n+1, 6n+5, 6(n+1)-1, 6(n+1)+1)$
Typ $(p, p+4, p+6, p+10, p+12) =$
$\quad (6n+1, 6(n+1)-1, 6(n+1)+1, 6(n+2)-1, 6(n+2)+1)$

3.3.2.1 Definitionsbedingte Einschränkungen für Mehrlinge

Mit den Bezeichnungen: $p + k \cdot t + d_1 \quad p + l \cdot t + d_2 \quad p + m \cdot t + d_3 \quad p + n \cdot t + d_4 \qquad d_i, k, l, m, n \in \mathbb{N}_0, t \in \mathbb{P}, d_i < t$

Primzahlmehrling	t	$d_1(p+2)$	$d_2(p+6)$	$d_3(p+8)$	$d_4(p+12)$	Primzahlart: $p_i \in \mathbb{P}_1, q_i \in \mathbb{P}_2$
Primzahlzwilling	2	0				$(p_1, q_2) \vee (q_1, p_2)$
Primzahldrilling	3	2	0			$(p_1, q_2, q_3) \vee (q_1, p_2, p_3)$
Primzahlvierling	3	2	0	2		$(p_1, q_2, q_3, p_4) \vee (q_1, p_2, p_3, q_4)$
Primzahlfünfling	5	2	1	3	2	$(p_1, q_2, q_3, p_4, p_5) \vee (q_1, p_2, p_3, q_4, q_5)$
Primzahlmehrling	t	$d_1(p+4)$	$d_2(p+6)$	$d_3(p+10)$	$d_4(p+12)$	
Primzahldrilling	3	1	0			$(p_1, p_2, q_3) \vee (q_1, q_2, p_3)$
Primzahlfünfling	5	4	1	0	2	$(p_1, p_2, q_3, p_4, p_5) \vee (q_1, q_2, p_3, q_4, q_5)$

Tabelle 13: Prüfung von Einschränkungsmöglichkeiten für Primzahlmehrlinge

Bei keinem dieser Primzahlmehrlinge ergibt sich zwingend, dass eine seiner Zahlen durch den Teiler t teilbar sein müsste, denn in jedem Fall gibt es entweder den Rest $d_i = 0$ (hellgrau unterlegt) oder eine Wiederholung $d_i = d_k$ (ebenfalls hellgrau unterlegt) oder sogar beides.

---
[19] Begriffe *Cluster* bzw. *k-Tupel* von Primzahlen, ↗ *http://mathworld.wolfram.com/PrimeConstellation.html*.
[20] Die hier angegebene Definition ist die am weitesten gefasste (↗Bergman: [L7]). Die Definitionen anderer Autoren sind stärker eingeschränkt. Die Beschränkung auf die Form $(p, p+2, p+6)$ wählen *Padberg*: [L3] und *Ziegenbalg*: [L5]. Einschränkung auf drei Primzahlen innerhalb einer Dekade erfolgt bei *Remmert* u. a.: [L4].
[21] Die Einschränkung auf vier Primzahlen innerhalb einer Dekade findet man bei *Remmert* u. a.: [L4]. Dies bedeutet aber keine tatsächliche Einschränkung, weil jeder Vierling der angegebenen Form innerhalb einer Dekade liegt, ↗Tabelle *16*.
[22] ↗Sätze (S44) – (S47). Mehrlinge mit mehr als fünf Primzahlen gibt es nach Satz (S42) nicht, abgesehen von zwei Einzelexemplaren mit $p = 5$; ↗Tabelle *18*, ↗3.3.3.5 *Primzahlmehrling-Sonderfälle*.

3.3.2.2 Einschränkungen für die letzten Ziffern von Mehrlingen

p	p + 2	Bemerkung
...1	...3	1. Variante
...3	...5	p + 2 nicht prim
...5	...7	p nicht prim
...7	...9	2. Variante
...9	...1	3. Variante

Sonderfall: Der 1. Primzahlzwilling (3; 5) endet mit 5.
Sonderfall: Der 2. Primzahlzwilling (5; 7) beginnt mit 5.

Tabelle 14: Einschränkungen für Primzahlzwillinge

p	p + 2	p + 6	Bemerkung	p	p + 4	p + 6	Bemerkung
...1	...3	...7	1. Variante	...1	...5	...7	p + 4 nicht prim
...3	...5	...9	p + 2 nicht prim	...3	...7	...9	2. Variante
...5	...7	...1	p nicht prim	...5	...9	...1	p nicht prim
...7	...9	...3	Variante 3a	...7	...1	...3	Variante 3b
...9	...1	...5	p + 6 nicht prim	...9	...3	...5	p + 6 nicht prim

Sonderfall
Der 1. Primzahldrilling
(5; 7; 11) beginnt mit 5.

Tabelle 15: Einschränkungen für Primzahldrillinge

p	p + 2	p + 6	p + 8	Bemerkung
...1	...3	...7	...9	Einzige Variante
...3	...5	...9	...1	p + 2 nicht prim
...5	...7	...1	...3	p nicht prim
...7	...9	...3	...5	p + 8 nicht prim
...9	...1	...5	...7	p + 6 nicht prim

Sonderfall: Der 1. Primzahlvierling (5; 7; 11; 13) beginnt mit 5.

Tabelle 16: Einschränkungen für Primzahlvierlinge

p	p + 2	p + 6	p + 8	p + 12	Bemerkung	p	p + 4	p + 6	p + 10	p + 12	Bemerkung
...1	...3	...7	...9	...3	Einzige Variante	...1	...5	...7	...1	...3	p + 4 nicht prim
...3	...5	...9	...1	...5	p + 2 nicht prim	...3	...7	...9	...3	...5	p + 12 nicht prim
...5	...7	...1	...3	...7	p nicht prim	...5	...9	...1	...5	...7	p + 10 nicht prim
...7	...9	...3	...5	...9	p + 8 nicht prim	...7	...1	...3	...7	...9	Einzige Variante
...9	...1	...5	...7	...1	p + 6 nicht prim	...9	...3	...5	...9	...1	p + 6 nicht prim

Tabelle 17: Einschränkungen für Primzahlfünflinge
Sonderfall: Der 1. Primzahlfünfling (5; 7; 11; 13; 17) beginnt mit 5.

p	p + 2	p + 6	p + 8	p + 12	p + 14	Bemerkung
...1	...3	...7	...9	...3	...5	p + 14 nicht prim
...3	...5	...9	...1	...5	...7	p + 2 nicht prim
...5	...7	...1	...3	...7	...9	p nicht prim
...7	...9	...3	...5	...9	...1	p + 8 nicht prim
...9	...1	...5	...7	...1	...3	p + 6 nicht prim

Beachte: In jeder Zahlen-6er-Gruppierung dieser Form ist **eine Zahl durch 5 teilbar!**
Sonderfall: Die 1. Zahl in (5; 7; 11; 13; 17; 19) ist durch **5** teilbar, aber prim. Dies ist die **einzige Primzahl**-6er-Gruppierung dieser Form.

Tabelle 18: Einschränkungen für Primzahlsechslinge

p	p + 2	p + 6	p + 8	p + 12	p + 14	p + 18	p + 4	p + 6	p + 10	p + 12	p + 16	p + 18	Bemerkung
...1	...3	...7	...9	...3	...5	...9	...5	...7	...1	...3	...7	...9	Unmöglich
...3	...5	...9	...1	...5	...7	...1	...7	...9	...3	...5	...9	...1	Unmöglich
...5[1]	...7	...1	...3	...7	...9	...3	...9	...1	...5	...7	...1	...3	Unmöglich
...7	...9	...3	...5	...9	...1	...5	...1	...3	...7	...9	...3	...5	Unmöglich
...9	...1	...5	...7	...1	...3	...7	...3	...5	...9	...1	...5	...7	Unmöglich

Tabelle 19: Einschränkungen für Primzahlsiebenlinge
Beachte: In jeder Zahlen-7er-Gruppierung dieser Form ist **eine Zahl durch 5 teilbar!**
1 **Sonderfall**: In (5; 7; 11; 13; 17; 19; 23) ist die 1. Zahl durch **5** teilbar, aber prim. Dies ist die **einzige Primzahl-**7er-Gruppierung dieser Form.

Wegen dieser Einschränkungen gilt:

(S42) **Primzahlfünflinge** sind die größten Primzahlgruppierungen, die die in 3.3.1 *Namen von Primzahlmehrlingen* angegebene Form haben und wiederholt vorkommen.[23]

23 ↳ 3.3.3.5 *Primzahlmehrling-Sonderfälle*.

3.3.3 Beispiele für Primzahlmehrlinge

Mehrlinge, die die Primzahl 5 mit regelwidriger ‚Endziffer' 5 enthalten, sind dunkelgrau unterlegt.

3.3.3.1 30 Primzahlzwillinge

Zwilling #	Die ersten zehn $p \leq 107$			Zwilling #	$p < 16.000.000$			Zwilling #	Die letzten zehn $p \leq 982.451.653$		
	p	$p+2$	n^1		p	$p+2$	n^1		p	$p+2$	n^1
1	3	5	—	88.525	15.997.769	15.997.771	533.258	3.370.437	982.448.627	982.448.629	32.748.287
2	5	7	—	88.526	15.997.781	15.997.783	533.259	3.370.438	982.448.741	982.448.743	32.748.291
3	11	13	0	88.527	15.997.871	15.997.783	533.262	3.370.439	982.448.879	982.448.881	32.748.295
4	17	19	0	88.528	15.998.249	15.998.251	533.274	3.370.440	982.449.107	982.449.109	32.748.303
5	29	31	0	88.529	15.999.041	15.999.043	533.301	3.370.441	982.449.569	982.449.571	32.748.318
6	41	43	1	88.530	15.999.239	15.999.241	533.307	3.370.442	982.450.289	982.450.291	32.748.342
7	59	61	1	88.531	15.999.257	15.999.259	533.308	3.370.443	982.450.319	982.450.321	32.748.343
8	71	73	2	88.532	15.999.287	15.999.289	533.309	3.370.444	982.450.457	982.450.459	32.748.348
9	101	103	3	88.533	15.999.407	15.999.409	533.313	3.370.445	982.451.159	982.451.161	32.748.371
10	107	109	3	88.534	15.999.869	15.999.871	533.328	3.370.446	982.451.579	982.451.581	32.748.385

Tabelle 20: 30 ausgesuchte Primzahlzwillinge, $p \leq 107$, $p < 16.000.000$, $p \leq 982.451.653$

[1] **Primzahlzwillinge** haben nach Satz (S22) gemäß Tabelle 14 — abgesehen von den ersten beiden — die **allgemeine Form** $(30n+11, 30n+13)$, $(30n+17, 30n+19)$ oder $(30n+29, 30n+31)$ $n \in \mathbb{N}_0$

3.3.3.2 30 Primzahldrillinge

Drilling #	p	$p+2$	$p+6$	n^1	Drilling #	p	$p+4$	$p+6$	m^1
1	5	7	11	—	2	7	11	13	0
3	11	13	17	0	4	13	17	19	0
5	17	19	23	0	6	37	41	43	1
7	41	43	47	1	8	67	71	73	2
10	101	103	107	3	9	97	101	103	3
...	...	...	...	...	...	...	...	...	...
12.412	15.989.717	15.989.719	15.989.723	532.990	12.606	15.994.417	15.994.421	15.994.423	533.147
12.413	15.989.921	15.989.923	15.989.927	532.997	12.607	15.995.167	15.995.171	15.995.173	533.172
12.414	15.995.381	15.995.383	15.995.387	533.179	12.608	15.995.383	15.995.387	15.995.389	533.179
12.415	15.999.041	15.999.043	15.999.047	533.301	12.609	15.996.577	15.996.581	15.996.583	533.219
12.416	15.999.407	15.999.409	15.999.413	533.313	12.610	15.999.037	15.999.041	15.999.043	533.301
...	...	...	...	...	...	...	...	...	...
373.796	982.433.141	982.433.143	982.433.147	32.747.771	366.071	982.427.443	982.427.447	982.427.449	32.747.581
373.797	982.434.221	982.434.223	982.434.227	32.747.807	366.072	982.433.143	982.433.147	982.433.149	32.747.771
373.798	982.443.167	982.443.169	982.443.173	32.748.105	366.073	982.443.433	982.443.437	982.443.439	32.748.114
373.799	982.446.611	982.446.613	982.446.617	32.748.220	366.074	982.443.727	982.443.731	982.443.733	32.748.124
373.800	982.449.107	982.449.109	982.449.113	32.748.303	366.075	982.445.587	982.445.591	982.445.593	32.748.186

Tabelle 21: 30 ausgesuchte Primzahldrillinge, $p \leq 101$, $p < 16.000.000$, $p \leq 982.451.653$

[1] **Primzahldrillinge** haben nach Satz (S22) gemäß Tabelle 15 — abgesehen vom ersten — die **allgemeine Form**[24] entweder $(30n+11, 30n+13, 30n+17)$ oder $(30n+17, 30n+19, 30n+23)$ $n \in \mathbb{N}_0$
oder $(30m+7, 30m+11, 30m+13)$ oder $(30m+13, 30m+17, 30m+19)$ $m \in \mathbb{N}_0$

3.3.3.3 15 Primzahlvierlinge

Vierling #	p	$p+2$	$p+6$	$p+8$	n^1
1	5	7	11	13	—
2	11	13	17	19	0
3	101	103	107	109	3
4	191	193	197	199	6
5	821	823	827	829	27
...	...	...	...	...	...
1.253	15.883.781	15.883.783	15.883.787	15.883.789	529.459
1.254	15.905.501	15.905.503	15.905.507	15.905.509	530.183
1.255	15.988.121	15.988.123	15.988.127	15.988.129	532.937
1.256	15.989.921	15.989.923	15.989.927	15.989.929	532.997
1.257	15.995.381	15.995.383	15.995.387	15.995.389	533.179
...	...	...	...	...	...
27.978	982.301.471	982.301.473	982.301.477	982.301.479	32.743.382
27.979	982.329.191	982.329.193	982.329.197	982.329.199	32.744.306
27.980	982.351.631	982.351.633	982.351.637	982.351.639	32.745.054
27.981	982.374.851	982.374.853	982.374.857	982.374.859	32.745.828
27.982	982.433.141	982.433.143	982.433.147	982.433.149	32.747.771

Tabelle 22: 15 ausgesuchte Primzahlvierlinge, $p \leq 821$, $p < 16.000.000$, $p \leq 982.451.653$

[1] **Primzahlvierlinge** haben nach Satz (S22) gemäß Tabelle 16 — abgesehen vom ersten — die **allgemeine Form**[25] $(30n+11, 30n+13, 30n+17, 30n+19)$ $n \in \mathbb{N}_0$

---
24 ↳ Tabelle 15.
25 ↳ http://mathworld.wolfram.com/PrimeQuadruplet.html, ↳ Tabelle 16.

3.3.3.4 30 Primzahlfünflinge

Fünfling #[1]	p	$p+2$	$p+6$	$p+8$	$p+12$	n^2
1	5	7	11	13	17	—
2	11	13	17	19	23	0
3	101	103	107	109	113	3
4	1.481	1.483	1.487	1.489	1.493	49
5	16.061	16.063	16.067	16.069	16.073	535
...	...	...	...	...	...	...
207	15.534.971	15.534.973	15.534.977	15.534.979	15.534.983	517.832
208	15.600.581	15.600.583	15.600.587	15.600.589	15.600.593	520.019
209	15.697.391	15.697.393	15.697.397	15.697.399	15.697.403	523.246
210	15.720.821	15.720.823	15.720.827	15.720.829	15.720.833	524.027
211	15.760.091	15.760.093	15.760.097	15.760.099	15.760.103	525.336
...	...	...	...	...	...	...
3.586	980.732.651	980.732.653	980.732.657	980.732.659	980.732.663	32.691.088
3.587	980.887.751	980.887.753	980.887.757	980.887.759	980.887.763	32.696.258
3.588	981.328.631	981.328.633	981.328.637	981.328.639	981.328.643	32.710.954
3.589	981.745.481	981.745.483	981.745.487	981.745.489	981.745.493	32.724.849
3.590	982.266.281	982.266.283	982.266.287	982.266.289	982.266.293	32.742.209

Fünfling #[1]	p	$p+4$	$p+6$	$p+10$	$p+12$	m^2
1	7	11	13	17	19	0
2	97	101	103	107	109	3
3	1.867	1.871	1.873	1.877	1.879	62
4	3.457	3.461	3.463	3.467	3.469	115
5	5.647	5.651	5.653	5.657	5.659	188
...	...	...	...	...	...	...
206	15.240.937	15.240.941	15.240.943	15.240.947	15.240.949	508.031
207	15.568.867	15.568.871	15.568.873	15.568.877	15.568.879	518.962
208	15.602.767	15.602.771	15.602.773	15.602.777	15.602.779	520.092
209	15.680.047	15.680.051	15.680.053	15.680.057	15.680.059	522.668
210	15.988.117	15.988.121	15.988.123	15.988.127	15.988.129	532.937
...	...	...	...	...	...	...
3.453	981.277.387	981.277.391	981.277.393	981.277.397	981.277.399	32.709.246
3.454	981.328.627	981.328.631	981.328.633	981.328.637	981.328.639	32.710.954
3.455	981.420.607	981.420.611	981.420.613	981.420.617	981.420.619	32.714.020
3.456	982.351.627	982.351.631	982.351.633	982.351.637	982.351.639	32.745.054
3.457	982.374.847	982.374.851	982.374.853	982.374.857	982.374.859	32.745.828

Tabelle 23: 30 ausgesuchte Primzahlfünflinge, $p \leq 16.061, p < 16.000.000, p < 982.451.653$

[1] Die beiden Fünfling-Varianten sind in dieser Tabelle getrennt gezählt.
[2] **Primzahlfünflinge** haben nach Satz **(S22)** gemäß Tabelle *17* — abgesehen vom ersten — die **allgemeine Form**[26] entweder $(30n+11, 30n+13, 30n+17, 30n+19, 30n+23)$ $n \in \mathbb{N}_0$
oder $(30m+7, 30m+11, 30m+13, 30m+17, 30m+19)$ $m \in \mathbb{N}_0$

3.3.3.5 Primzahlmehrling-Sonderfälle

Die seit Dez. 2015 **größten bekannten Primzahlzwillinge**[27] sind:
$$3.756.801.695.685 \cdot 2^{666.669} \pm 1.$$
Die einzige Gruppierung in der Form eines **Primzahlsechslings** beginnt mit 5:
(**5**; 7; 11; 13; 17; 19)
Die einzige Gruppierung in der Form eines **Primzahlsiebenlings** beginnt ebenfalls mit 5:
(**5**; 7; 11; 13; 17; 19; 23)

(S43) Es existiert genau eine **Gruppierung mit sechs eng benachbarten Primzahlen** und es existiert genau eine **Gruppierung mit sieben eng benachbarten Primzahlen**.

---
[26] ↱Tabelle 17.
[27] ↱Ziegenbalg: [L5], S. 79; ↱http://mathworld.wolfram.com/TwinPrimes.html.

3.3.4 Häufigkeit der Primzahlmehrlinge
3.3.4.1 Anzahlen von Primzahlmehrlingen
Die Primzahlmehrlinge sind hier — anders als bei den äquidistanten Gruppierungen — unabhängig davon gezählt, ob sie auch in einem größeren Mehrling enthalten sind.

Mehrlingstyp	Anzahl $p_n <$ 16.000.000 ($n \leq$ 1.031.130)	Anzahl $p_n \leq$ 982.451.653 ($n \leq$ 50.000.000)	Allgemeine Form
Primzahlzwillinge	88.534	3.370.446	$(p, p+2)$
Primzahldrillinge	12.416	373.800	$(p, p+2, p+6)$
	12.610	366.075	$(p, p+4, p+6)$
Primzahlvierlinge	1.257	27.982	$(p, p+2, p+6, p+8)$
Primzahlfünflinge	211	3.590	$(p, p+2, p+6, p+8, p+12)$
	210	3.457	$(p, p+4, p+6, p+10, p+12)$
Primzahlsechsling	1[1]	1[1]	$(p, p+2, p+6, p+8, p+12, p+14)$
Primzahlsiebenling	1[2]	1[2]	$(p, p+2, p+6, p+8, p+12, p+14, p+18)$
	—	—	$(p, p+4, p+6, p+10, p+12, p+16, p+18)$

Tabelle 24: Anzahlen der Primzahlmehrlinge für zwei unterschiedliche Listweiten

[1] Nach Satz (S43) existiert neben (5; 7; 11; 13; 17; 19) keine weitere Primzahlgruppierung in Form eines Sechslings.
[2] Nach Satz (S43) existiert neben (5; 7; 11; 13; 17; 19; 23) keine weitere Primzahlgruppierung in Form eines Siebenlings. Mehrlinge mit mehr als sieben Primzahlen gibt es nach Satz (S42) nicht.

3.3.4.2 Schätzung der Anzahl der Primzahlzwillinge
In der folgenden Graphik sind für die Liste der ersten 50.000.000 Primzahlen die **Primzahlzwillinge** gezählt, und zwar zunächst jeweils bis zum Ende von vollen 100.000 Primzahlen, danach bis zum Ende jeder vollen Million (Listweite L). Diese 59 Anzahlen $n(L)$ sind in der Graphik dargestellt. Aus den letzten 50 wurde ein Trend bestimmt. Die Trendfunktion stützt die Vermutung, dass es **unendlich viele Primzahlzwillinge** gibt und liefert einen Schätzwert für die Anzahl der Primzahlzwillinge in einer beliebig langen Primzahlliste.

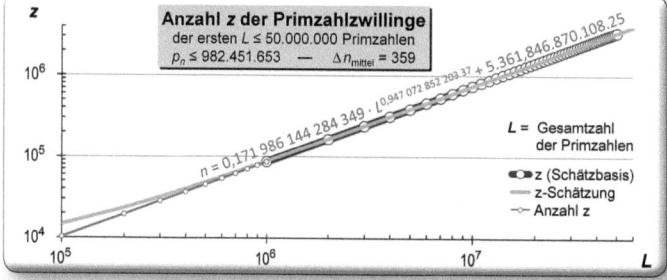

Graph 37: Anzahl der Primzahlzwillinge im Bereich $p \leq$ 982.451.653

Bemerkung
Für die Darstellung des Trends der Wachstumsfunktion, dem die Anzahl der Primzahlzwillinge folgt, wurde aus praktischen Gründen eine Potenzfunktion gewählt, obwohl ihr Charakter dieses Wachstum nicht exakt abbilden kann. (✎Bemerkung zu Graph 2).

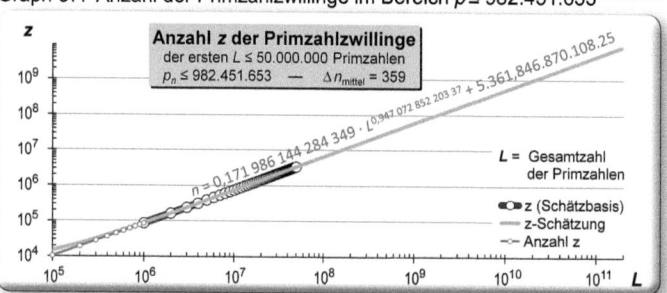

Graph 38: Schätzung der Anzahl der Primzahlzwillinge, Schätzbasis: 50.000.000 Primzahlen ($p \leq$ 982.451.653)

3.3.5 Besonderheiten von Primzahlmehrlingen

3.3.5.1 Summe der Primzahlen von Mehrlingen

Die Beweise basieren auf der allgemeinen Form aller Primzahlen $p > 3$ von Satz (S16.3) [28]:

$$p = 6n \pm 1 \qquad n \in \mathbb{N}$$

3.3.5.1.1 Summe von Primzahlzwillingen

(S44) Die **Summe von Primzahlzwillingen** $(p_1, p_2) = (p, p+2)$
hat für $p > 3$ die allgemeine Form[29] $\quad p_1 + p_2 = 12n \qquad\qquad n \in \mathbb{N}$
Beweis (S40)
Daraus folgt für Primzahlzwillinge: $\quad p_1 = 6n - 1$
also: $\quad p_2 = 6n + 1$
$\quad p_1 + p_2 = 12n$

3.3.5.1.2 Summe von Primzahldrillingen

(S45) Die **Summe von Primzahldrillingen**
hat die allgemeine Form $\quad p_1 + p_2 + p_3 = 18n \pm 5 \qquad n \in \mathbb{N}$
Der Typ $\quad (p_1, p_2, p_3) = (p, p+2, p+6)$
hat die Form $\quad p_1 + p_2 + p_3 = 18n + 5 \qquad n \in \mathbb{N}$
Beweis entsprechend (S44): $\quad p_1 + p_2 + p_3 = 6n - 1 + 6n + 1 + 6n + 5 \qquad$ (S40)
$\qquad\qquad = 18n + 5$

Der Typ $\quad (p_1, p_2, p_3) = (p, p+4, p+6)$
hat die Form $\quad p_1 + p_2 + p_3 = 18n - 5 \qquad n \in \mathbb{N}\setminus\{1\}$
Beweis, (S40) angewendet auf p_2: $p_1 + p_2 + p_3 = 6n - 5 + 6n - 1 + 6n + 1$
$\qquad\qquad = 18n - 5$

3.3.5.1.3 Summe von Primzahlvierlingen

(S46) Die **Summe von Primzahlvierlingen**
$\qquad (p_1, p_2, p_3, p_4) = (p, p+2, p+6, p+8)$
hat die allgemeine Form $\quad p_1 + p_2 + p_3 + p_4 = 12\cdot(2n+1) \qquad n \in \mathbb{N}$
Beweis entsprechend (S44): $p_1 + p_2 + p_3 + p_4 = 6n - 1 + 6n + 1 + 6n + 5 + 6n + 7 \qquad$ (S40)
$\qquad\qquad = 24n + 12$
$\qquad\qquad = 12\cdot(2n+1)$

3.3.5.1.4 Summe von Primzahlfünflingen

(S47) Die **Summe von Primzahlfünflingen** hat die allgemeine Form

$$p_1 + p_2 + p_3 + p_4 + p_5 = 30n \pm 7 \qquad n \in \mathbb{N}\setminus\{1\}$$

Der Typ $\quad (p_1, p_2, p_3, p_4, p_5) = (p, p+2, p+6, p+8, p+12)$
hat die Form $\quad p_1 + p_2 + p_3 + p_4 + p_5 = 30n - 7 \qquad n \in \mathbb{N}\setminus\{1\}$
Beweis entsprechend (S45), (S40) angewendet auf p_3:
$\qquad p_1 + p_2 + p_3 + p_4 + p_5 = 6n - 7 + 6n - 5 + 6\cdot n - 1 + 6n + 1 + 6n + 5$
$\qquad\qquad = 30n - 7$

Der Typ $\quad (p_1, p_2, p_3, p_4, p_5) = (p, p+4, p+6, p+10, p+12)$
hat die Form $\quad p_1 + p_2 + p_3 + p_4 + p_5 = 30n + 7 \qquad n \in \mathbb{N}\setminus\{1\}$
Beweis entsprechend (S45), (S40) angewendet auf p_2:
$\qquad p_1 + p_2 + p_3 + p_4 + p_5 = 6n - 5 + 6n - 1 + 6n + 1 + 6n + 5 + 6n + 7$
$\qquad\qquad = 30n + 7$

---
[28] ⮕ Satz (S41).
[29] ⮕ Satz (S33).

3.3.5.2 Summe der Kehrwerte von Primzahlzwillingen

In den beiden folgenden Graphiken ist die **Summe der Kehrwerte der Primzahlzwillinge** dargestellt. Es liegt wiederum die Liste der ersten 50.000.000 Primzahlen zugrunde. Die Addition der ersten 10 Kehrwertsummen endet jeweils bei vollen 100.000 Primzahlen (**heller** Graph). Danach endet die Summation jeweils zum Ende einer vollen Million Primzahlen (**dunkler** Graph). Die Trendanalyse basiert auf den 50 Summen zum Ende jeder vollen Millionen.[30]

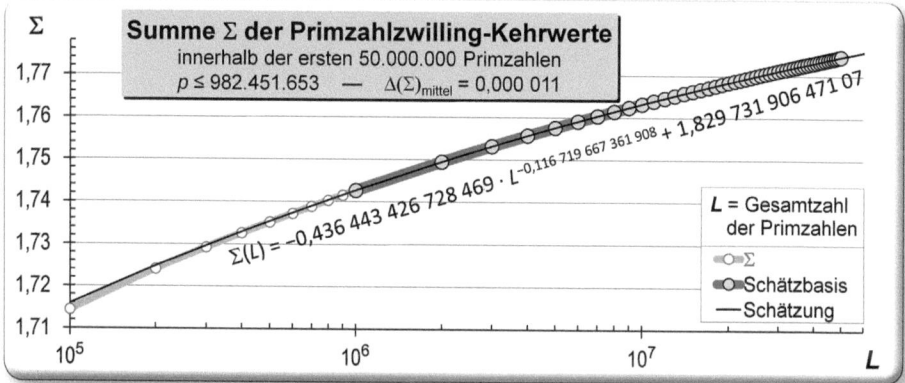

Graph 39: Summe der Kehrwerte von Primzahlzwillingen, $p \leq 982.451.653$

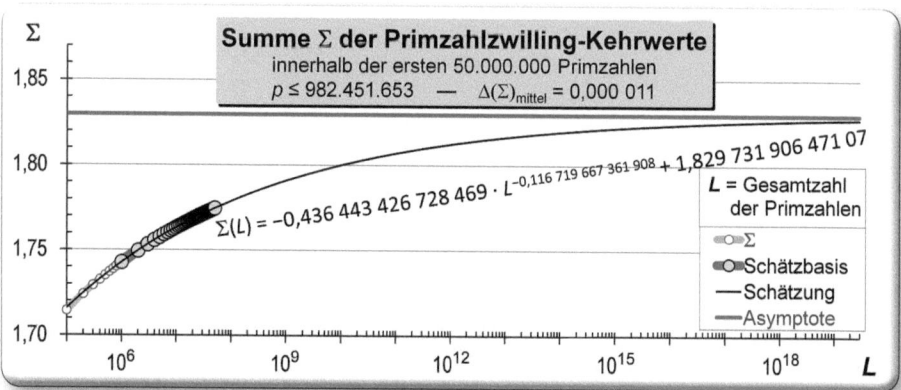

Graph 40: Summe der Kehrwerte von Primzahlzwillingen, extrapoliert, Schätzbasis: 50.000.000 Primzahlen ($p \leq 982.451.653$)

Bemerkung: In Graph 39 ist die Abweichung der Trendfunktion vom tatsächlichen Verlauf der Kehrwertsumme im Bereich der ersten 300.000 Primzahlen deutlich sichtbar. Um die Trendfunktion möglichst gut an die Kehrwertsumme im Bereich großer Primzahlen anzupassen wurde darauf verzichtet, die ersten neun (kleiner dargestellten) Werte bei der Schätzung mit einzubeziehen.[31]

---
30 ↳Bemerkungen zu den Graphen 2 und 37.
31 ↳3.2.4.2 *Schätzung der Anzahl der Primzahlzwillinge*.

3.4 Primzahlgruppierungen beliebiger Form
3.4.1 Einschränkungen für Primzahlgruppierungen
3.4.1.1 Einschränkungen aufgrund der Teilbarkeit einer Zahl

Wenn eine Zahl z einer Gruppierung von $s+1$ Zahlen aufgrund der gegebenen Gruppierungsform zwangsläufig durch $q \leq s$ teilbar ist,[32] dann ist diese Zahlengruppierung natürlich keine Primzahlgruppierung. Diese Situation ist z. B. dann gegeben, wenn solch eine Gruppierung die Form hat:

$$(p, p_1, p_2, ..., p_q, ..., p_s) = (p, p+d_1, p+d_2, ..., p+d_{q-1}, p+d_q, ..., p+d_s)$$
$$= (p, p+k_1 \cdot q + 1, p+k_2 \cdot q + 2, ..., p+k_{q-1} \cdot q + (q-1), p+d_q, ..., p+d_s)$$

$d_i \in \mathbb{N}$

$d_i, k_i \in \mathbb{N}$

In dieser Gruppierung ist eine der ersten q Zahlen durch q teilbar. Diese Form ist wegen stets geradem Abstand zwischen Primzahlen >2 (und wegen der Größensortierung $p<p_1<p_2<...<p_s$) nur möglich mit $k_i < k_{i+1}$.

Die Aussage ist aber auch für alle Permutationen der Summanden $...+1, ...+2, ..., ...+(q-1)$ richtig. Deshalb lässt sich — weniger scharf(!) — allgemein formulieren:

$$(p, p_1, p_2, ..., p_q, ..., p_s) = (p, p+d_1, p+d_2, ..., p+d_{q-1}, p+d_q, ..., p+d_s)$$
$$= (p, p+k_1 \cdot q + r_1, p+k_2 \cdot q + r_2, ..., p+k_{q-1} \cdot q + r_{q-1}, p+d_q, ..., p+d_s)$$

mit $d_i \equiv r_i \pmod{q}$ für $i < q$
$r_i \in \{1; 2; ...; q-1\}$, $r_i \neq r_j$ für $i \neq j$
$k_i \leq k_{i+1}$ (!)

Dies gilt natürlich auch, wenn die Zahlen $p + k_i \cdot q + r_i$ mitten in der Gruppierung liegen
                                                                   oder   am Ende
                                                                   oder   beliebig in ihr verteilt sind.

3.4.1.2 Einschränkungen aufgrund der Endziffer 5

Wenn eine Zahl $z > 5$ einer Gruppierung von q Zahlen aufgrund der gegebenen Form zwangsläufig auf 5 endet, also durch 5 teilbar ist, dann ist diese Zahlengruppierung keine Primzahlgruppierung. Bei Gruppierungen von fünf und mehr Zahlen kommt dies bei verschiedenen Gruppierungsformen vor. Bei weniger als fünf Zahlen in der Gruppierung sind lediglich bestimmte Konstellationen von Endziffern ausgeschlossen.

---

32 Beispiel für $q = s = 4$ ↪ *3.4.4.2.2 Einschränkung aufgrund von Teilbarkeit durch 5.*

3.4.2 Dreiergruppierungen von Primzahlen

3.4.2.1 Allgemeine Form von Dreiergruppierungen

Dreiergruppierungen haben die allgemeine Form
$$(p_1, p_2, p_3) = (p_1, p_1 + \Delta p_1, p_2 + \Delta p_2)$$
$$= (p_1, p_1 + \Delta p_1, p_1 + \Delta p_1 + \Delta p_2)$$
$$= (p_1, p_1 + d_1, p_1 + d_2)$$

Die bereits bekannten Spezialfälle sind Trios mit gleichem Abstand untereinander[33]

$$(p, p + \Delta p, p + 2 \cdot \Delta p)$$

und Drillinge mit den Abständen $\Delta p_1 = 2$ und $\Delta p_2 = 4$ oder $\Delta p_1 = 4$ und $\Delta p_2 = 2$, also der allgemeinen Form

$$(p, p+2, p+6) = (p, p+2, p+2+4) \quad \text{bzw.} \quad (p, p+4, p+6) = (p, p+4, p+4+2).$$

3.4.2.2 Einschränkungen für Dreiergruppierungen

3.4.2.2.1 Einschränkung aufgrund von Teilbarkeit durch 3

Dreiergruppierungen der Form $\quad (p, p+3i+\mathbf{1}, p+3j+\mathbf{2})$ $\hfill i,j \in \mathbb{N}$
oder $\quad (p, p+3i+\mathbf{2}, p+3j+\mathbf{1})$

bzw.
$\quad d_1 \equiv \mathbf{1} \pmod 3 \ \land \ d_2 \equiv \mathbf{2} \pmod 3$
oder $\quad d_1 \equiv \mathbf{2} \pmod 3 \ \land \ d_2 \equiv \mathbf{1} \pmod 3$

kommen nicht vor, weil eine der drei Zahlen durch 3 teilbar ist — unabhängig davon, mit welcher Zahl die Gruppierung beginnt und welche Werte i und j haben. Deshalb existieren beispielsweise keine Dreiergruppierungen der Form:

$$(p, p+1\cdot 3+1, p+4\cdot 3+2) = (p, p+4, p+14)$$
$$(p, p+0\cdot 3+2, p+3\cdot 3+1) = (p, p+2, p+10)$$

Überschaubarer sind die Einschränkungen in der alternativen Darstellung:

$$(p_1, p_1+d_1, p_1+d_2) = (p_1, p_1+3i+q, p_1+3j+r)$$
$$= (p_1, p_1+3i+q, p_1+3i+q+3\cdot(j-i)+(r-q))$$
$$= (p_1, p_1+3i+q, p_2+3\cdot(j-i)+(r-q))$$
$$= (p_1, p_1+3i+q, p_2+3k+(r-q))$$

Die beiden Formen von Dreiergruppierungen, die ausgeschlossen sind, stellen sich dann so dar:
$$(p_1, p_1+3i+1, p_1+3j+2) = (p_1, p_1+3i+1, p_2+3k+(2-1))$$
$$= (p_1, p_1+3i+\mathbf{1}, p_2+3k+\mathbf{1})$$
$$(p_1, p_1+3i+2, p_1+3j+1) = (p_1, p_1+3i+2, p_2+3k+(1-2))$$
$$= (p_1, p_1+3i+2, p_1+3k-1)$$
$$= (p_1, p_1+3i+\mathbf{2}, p_2+3\cdot(k-1)+\mathbf{2})$$

(S48) Ausgeschlossen sind Formen von Primzahl-Dreiergruppierungen mit den Abständen:

$$\Delta p_1 \equiv \mathbf{1} \pmod 3 \ \land \ \Delta p_2 \equiv \mathbf{1} \pmod 3$$
oder $\quad \Delta p_1 \equiv \mathbf{2} \pmod 3 \ \land \ \Delta p_2 \equiv \mathbf{2} \pmod 3$

Δp_1:	2					8					14					20					...	$\Delta p_1 \equiv 2 \pmod 3$
Δp_2:	2	8	14	20	26	...	2	8	14	20	26	...	2	8	14	20	26	...	2	8	14	20	26	...	...	$\Delta p_2 \equiv 2 \pmod 3$
Δp_1:	4					10					16					22					...	$\Delta p_1 \equiv 1 \pmod 3$
Δp_2:	4	10	16	22	28	...	4	10	16	22	28	...	4	10	16	22	28	...	4	10	16	22	28	...	...	$\Delta p_2 \equiv 1 \pmod 3$

Tabelle 25: Ausgeschlossene Formen von Dreiergruppierungen

---

[33] Im Folgenden verzichten wir auf den Index 1, wenn keine Unterscheidung von anderen Indizes erforderlich ist.

(S49) Es existieren nur **Dreiergruppierungen** von Primzahlen mit Abständen der Form[34]

$\Delta p_1 \equiv 0$ (mod 3)
oder $\Delta p_2 \equiv 0$ (mod 3)
oder $\Delta p_1 \equiv 1$ (mod 3) und $\Delta p_2 \equiv 2$ (mod 3)
oder $\Delta p_1 \equiv 2$ (mod 3) und $\Delta p_2 \equiv 1$ (mod 3)

3.4.2.2.2 Einschränkung aufgrund der Endziffer 5

Die Endziffer …5 bedeutet Teilbarkeit durch 5. Bei Dreiergruppierungen gibt es keine Form, die zwangsläufig eine der drei Zahlen auf …5 enden lässt, die also zwingend eine durch 5 teilbare Zahl enthält. Je nach Form können jedoch, z. B. bei der ersten Zahl der Dreiergruppierung, eine oder zwei der möglichen vier Endziffern …1, …3, …7 oder …9 ausgeschlossen sein, weil sie die Endziffer …5 in der zweiten oder dritten Zahl zur Folge haben.

3.4.2.3 Zählung von Dreiergruppierungen

Die Zählungen aller Dreiergruppierungen mit $\Delta p_1 \leq 12$ und $\Delta p_2 \leq 60$ ergeben innerhalb der ersten 1.000.000 Primzahlen folgende Anzahlen:

Δp_1	Δp_2	Anzahl	Δp_1	Δp_2	Anzahl	Δp_1	Δp_2	Anzahl	Δp_1	Δp_2	Anzahl	Δp_1	Δp_2	Anzahl	Δp_1	Δp_2	Anzahl
	2	1[1]		2	12.300		2	10.871		2	0		2	13.826		2	9.513
	4	12.092		4	0		4	15.859		4	8.811		4	0		4	7.093
	6	11.015		6	15.861		6	17.547		6	10.648		6	10.960		6	12.692
	8	0		8	8.860		8	10.761		8	0		8	9.761		8	7.174
	10	13.848		10	0		10	10.911		10	9.835		10	0		10	8.940
	12	9.514		12	7.101		12	12.791		12	7.358		12	9.089		12	8.128
	14	0		14	8.591		14	9.985		14	0		14	8.027		14	4.938
	16	6.068		16	0		16	5.440		16	4.008		16	0		16	4.318
	18	7.272		18	5.894		18	8.190		18	4.007		18	6.389		18	7.919
	20	0		20	5.844		20	5.396		20	0		20	5.062		20	3.072
	22	4.696		22	0		22	5.011		22	4.617		22	0		22	2.535
	24	3.772		24	4.253		24	7.499		24	2.176		24	3.152		24	3.386
	26	0		26	4.177		26	2.208		26	0		26	2.910		26	1.777
	28	4.944		28	0		28	2.729		28	2.162		28	0		28	2.622
	30	2.947		30	3.198		30	4.951		30	2.273		30	2.587		30	3.902
2	32	0	4	32	1.613	6	32	1.501	8	32	0	10	32	1.867	12	32	889
	34	1.721		34	0		34	2.065		34	1.351		34	0		34	855
	36	1.471		36	1.909		36	2.465		36	1.036		36	1.220		36	1.291
	38	0		38	1.349		38	1.040		38	0		38	1.061		38	893
	40	1.884		40	0		40	1.169		40	1.039		40	0		40	833
	42	1.070		42	929		42	1.631		42	979		42	1.093		42	1.007
	44	0		44	720		44	894		44	0		44	686		44	459
	46	602		46	0		46	504		46	430		46	0		46	401
	48	715		48	519		48	913		48	373		48	526		48	728
	50	0		50	641		50	620		50	0		50	483		50	317
	52	368		52	0		52	354		52	411		52	0		52	183
	54	449		54	386		54	723		54	200		54	297		54	363
	56	0		56	462		56	250		56	0		56	325		56	163
	58	394		58	0		58	212		58	217		58	0		58	259
	60	318		60	291		60	517		60	198		60	289		60	262
	…			…			…			…			…			…	
Summe:		85.161			84.898			145.007			62.129			79.610			96.912

Tabelle 26: Anzahlen ausgesuchter Dreiergruppierungen in den ersten 1.000.000 Primzahlen

1 **Sonderfall**: Primzahltrio (3; 5; 7) im Widerspruch zu Satz **(S48)** und Satz **(S49)**: 1. Zahl 3 ist durch 3 teilbar, aber prim! Außerdem: 2. Zahl **5** hat die ‚Endziffer' 5, ist aber ebenfalls prim!

---
34 ↘3.2.3.2.1 *Einschränkung für den Abstand in Trios.*

3.4.3 Vierergruppierungen von Primzahlen
3.4.3.1 Allgemeine Form von Vierergruppierungen
Vierergruppierungen haben die Form

$$(p_1, p_2, p_3, p_4) = (p_1, p_1 + \Delta p_1, p_2 + \Delta p_2, p_3 + \Delta p_3)$$
$$= (p_1, p_1 + \Delta p_1, p_1 + \Delta p_1 + \Delta p_2, p_1 + \Delta p_1 + \Delta p_2 + \Delta p_3)$$
$$= (p_1, p_1 + d_1, p_1 + d_2, p_1 + d_3)$$

Die bereits bekannten Spezialfälle sind Quartette mit gleichem Abstand untereinander und Vierlinge mit den Abständen 2-4-2, also der allgemeinen Form $(p, p+2, p+6, p+8)$.

3.4.3.2 Einschränkungen für Vierergruppierungen
3.4.3.2.1 Einschränkung aufgrund von Teilbarkeit durch 3
Die in 3.4.2.2.1 *Einschränkung aufgrund von Teilbarkeit durch 3* gewonnenen Erkenntnisse zu den Dreiergruppierungen gelten natürlich auch für Vierergruppierungen. Insbesondere aus Satz (S48) folgt deshalb:

(S50) Ausgeschlossen sind **Vierergruppierungen**, wenn mit $r \in \{1;2\}$ für die Abstände gilt:

$$\Delta p_1 \equiv r \pmod 3 \ \wedge\ \Delta p_2 \equiv r \pmod 3 \qquad (\Delta p_3 = 2n,\ n \in \mathbb{N} \text{ beliebig})$$
$$\text{oder}\quad \Delta p_2 \equiv r \pmod 3 \ \wedge\ \Delta p_3 \equiv r \pmod 3 \qquad (\Delta p_1 = 2n,\ n \in \mathbb{N} \text{ beliebig})$$
$$\text{oder}\quad \Delta p_1 \equiv r \pmod 3 \ \wedge\ \Delta p_2 \equiv 0 \pmod 3 \ \wedge\ \Delta p_3 \equiv r \pmod 3$$

Δp_1:	2	8	14	20	...	$\Delta p_1 \equiv 2 \pmod 3$
Δp_2:	2 8 14 20 26 ...	2 8 14 20 26 ...	2 8 14 20 26 ...	2 8 14 20 26 ...	...	$\Delta p_2 \equiv 2 \pmod 3$
Δp_3:	$\Delta p_3 = 2n,\ n \in \mathbb{N}$ beliebig					
Δp_1:	2	8	14	20	...	$\Delta p_1 \equiv 2 \pmod 3$
Δp_2:	(6 oder 12 oder 18 oder ...)					$\Delta p_2 \equiv 0 \pmod 3$
Δp_3:	2 8 14 20 26 ...	2 8 14 20 26 ...	2 8 14 20 26 ...	2 8 14 20 26 ...	...	$\Delta p_3 \equiv 2 \pmod 3$
Δp_1:	$\Delta p_1 = 2n,\ n \in \mathbb{N}$ beliebig					
Δp_2:	2	8	14	20	...	$\Delta p_2 \equiv 2 \pmod 3$
Δp_3:	2 8 14 20 26 ...	2 8 14 20 26 ...	2 8 14 20 26 ...	2 8 14 20 26 ...	...	$\Delta p_3 \equiv 2 \pmod 3$
Δp_1:	4	10	16	22	...	$\Delta p_1 \equiv 1 \pmod 3$
Δp_2:	4 10 16 22 28 ...	4 10 16 22 28 ...	4 10 16 22 28 ...	4 10 16 22 28 ...	...	$\Delta p_2 \equiv 1 \pmod 3$
Δp_3:	$\Delta p_3 = 2n,\ n \in \mathbb{N}$ beliebig					
Δp_1:	4	10	16	22	...	$\Delta p_1 \equiv 1 \pmod 3$
Δp_2:	(6 oder 12 oder 18 oder ...)					$\Delta p_2 \equiv 0 \pmod 3$
Δp_3:	4 10 16 22 28 ...	4 10 16 22 28 ...	4 10 16 22 28 ...	4 10 16 22 28 ...	...	$\Delta p_3 \equiv 1 \pmod 3$
Δp_1:	$\Delta p_1 = 2n,\ n \in \mathbb{N}$ beliebig					
Δp_2:	4	10	16	22	...	$\Delta p_2 \equiv 1 \pmod 3$
Δp_3:	4 10 16 22 28 ...	4 10 16 22 28 ...	4 10 16 22 28 ...	4 10 16 22 28 ...	...	$\Delta p_3 \equiv 1 \pmod 3$

Tabelle 27: Ausgeschlossene Formen von Vierergruppierungen

(S51) Es existieren nur **Vierergruppierungen** mit Abständen der Form[35]:

$$\Delta p_i \equiv 0 \pmod 3 \ \wedge\ \Delta p_j \equiv 0 \pmod 3 \ \wedge\ \Delta p_k = 2n \qquad n \in \mathbb{N} \text{ beliebig},\ i \neq j \neq k$$
$$\text{oder}\quad \Delta p_i \equiv 0 \pmod 3 \ \wedge\ \Delta p_j \equiv r \pmod 3 \ \wedge\ \Delta p_k \equiv s \pmod 3 \qquad r, s \in \{1;2\},\ r \neq s$$
$$\text{oder}\quad \Delta p_1 \equiv r \pmod 3 \ \wedge\ \Delta p_2 \equiv s \pmod 3 \ \wedge\ \Delta p_3 \equiv r \pmod 3 \qquad r, s \in \{1;2\},\ r \neq s$$

3.4.3.2.2 Einschränkung aufgrund der Endziffer 5
Bei Vierergruppierungen gibt es keine Form, die zwangsläufig eine der vier Zahlen auf ...5 enden lässt, die also zwingend eine durch 5 teilbare Zahl enthält. Selbst dann, wenn die Abstände der Gruppierungsform zwingend vier unterschiedliche Endziffern der Zahlen der Gruppierung bewirken, ist keine von ihnen zwangsläufig ...5. Je nach Form der Gruppierung können jedoch, z. B. bei der ersten Zahl der Gruppierung, eine, zwei oder drei der möglichen vier Endziffern ...1, ...3, ...7 oder ...9 ausgeschlossen sein, weil sie die Endziffer ...5 in der zweiten, dritten oder vierten Zahl zur Folge haben.

---
[35] ⇨ 3.2.3.3.1 *Einschränkung für den Abstand in Quartetten*

3.4.3.3 Zählung von Vierergruppierungen

Die Zählungen aller Vierergruppierungen mit $\Delta p_1 \leq 12$, $\Delta p_2 \leq 12$ und $\Delta p_3 \leq 30$ ergeben innerhalb der ersten 1.000.000 Primzahlen folgende Anzahlen:

Δp_1:	2						8					
Δp_2:	2	4	6	8	10	12	2	4	6	8	10	12
Δp_3												
2	0	1.229	0	0	2.494	0	0	1.317	0	0	1.932	0
4	1[1]	0	2.168	0	0	1.002	0	0	2.214	0	0	1.061
6	0	2.048	1.267	0	1.529	1.819	0	1.509	1.744	0	1.141	1.005
8	0	1.263	0	0	1.950	0	0	1.235	0	0	1.182	0
10	0	0	1.601	0	0	1.726	0	0	1.442	0	0	1.222
12	0	796	1.179	0	1.310	691	0	490	762	0	1.317	536
14	0	1.740	0	0	1.429	0	0	753	0	0	760	0
16	0	0	542	0	0	1.148	0	0	1.126	0	0	612
18	0	637	533	0	1.397	699	0	793	375	0	640	671
20	0	914	0	0	787	0	0	568	0	0	644	0
22	0	0	1.105	0	0	323	0	0	470	0	0	453
24	0	917	514	0	473	285	0	313	584	0	389	314
26	0	537	0	0	482	0	0	431	0	0	334	0
28	0	0	318	0	0	484	0	0	303	0	0	387
30	0	447	423	0	554	406	0	406	380	0	276	307
Σ:	1	10.528	9.650	0	12.405	8.583	0	7.815	9.400	0	8.615	6.568

Δp_1:	4						10					
Δp_2:	2	4	6	8	10	12	2	4	6	8	10	12
Δp_3												
2	0	0	2.076	0	0	1.011	0	0	1.552	0	0	1.695
4	2.273	0	0	823	0	0	1.827	0	0	1.567	0	0
6	1.028	0	1.800	1.286	0	767	1.696	0	1.468	1.473	0	1.462
8	0	0	2.332	0	0	1.019	0	0	1.425	0	0	1.136
10	1.776	0	0	1.567	0	0	2.457	0	0	1.804	0	0
12	1.081	0	1.573	960	0	601	1.409	0	1.216	997	0	727
14	0	0	2.179	0	0	1.112	0	0	1.406	0	0	833
16	768	0	0	586	0	0	1.226	0	0	543	0	0
18	981	0	1.074	841	0	571	1.066	0	591	608	0	689
20	0	0	1.106	0	0	400	0	0	779	0	0	729
22	712	0	0	711	0	0	703	0	0	660	0	0
24	803	0	832	255	0	347	564	0	568	448	0	286
26	0	0	490	0	0	197	0	0	397	0	0	322
28	843	0	0	476	0	0	775	0	0	326	0	0
30	432	0	552	395	0	308	582	0	342	290	0	394
Σ:	10.697	0	14.014	7.900	0	6.333	12.305	0	9.744	8.716	0	8.273

Δp_1:	6						12					
Δp_2:	2	4	6	8	10	12	2	4	6	8	10	12
Δp_3												
2	0	2.187	1.285	0	1.566	1.800	0	781	1.191	0	1.266	662
4	982	0	1.788	1.271	0	772	1.017	0	1.555	1.011	0	603
6	1.505	2.803	1.581	2.425	1.452	1.102	1.779	1.498	1.014	1.272	1.440	1.267
8	0	1.462	1.756	0	1.093	956	0	479	758	0	1.326	566
10	1.676	0	1.467	1.569	0	1.351	1.452	0	1.126	915	0	721
12	1.763	1.495	1.028	1.380	1.487	1.401	831	616	1.402	853	862	442
14	0	1.421	1.326	0	1.384	431	0	1.042	796	0	833	355
16	516	0	700	875	0	378	914	0	349	414	0	471
18	973	1.369	1.287	398	786	938	785	318	528	501	886	844
20	0	985	609	0	629	429	0	467	463	0	627	227
22	814	0	465	702	0	479	348	0	636	698	0	134
24	304	842	895	307	583	348	342	494	733	227	284	225
26	0	788	215	0	425	224	0	393	130	0	218	243
28	585	0	551	260	0	322	559	0	183	246	0	216
30	398	620	703	407	350	485	338	246	389	219	242	319
Σ:	9.516	13.972	15.656	9.594	9.755	11.416	8.365	6.334	11.253	6.356	7.984	7.295

Tabelle 28: Anzahlen ausgesuchter Vierergruppierungen in den ersten 1.000.000 Primzahlen

1 **Sonderfall**: Die Primzahlvierergruppierung (3; 5; 7; 11) steht im Widerspruch zu Satz (S48) und Satz (S49):
1. Zahl **3** ist durch 3 teilbar, aber prim! Außerdem: 2. Zahl **5** hat die ‚Endziffer' 5, ist aber ebenfalls prim.

3.4.4 Fünfergruppierungen von Primzahlen

3.4.4.1 Allgemeine Form von Fünfergruppierungen

Fünfergruppierungen haben die allgemeine Form

$$(p_1, p_2, p_3, p_4, p_5) = (p_1, p_1 + \Delta p_1, p_2 + \Delta p_2, p_3 + \Delta p_3, p_4 + \Delta p_4)$$
$$= (p_1, p_1 + \Delta p_1, p_1 + \Delta p_1 + \Delta p_2, p_1 + \Delta p_1 + \Delta p_2 + \Delta p_3, p_1 + \Delta p_1 + \Delta p_2 + \Delta p_3 + \Delta p_4)$$
$$= (p_1, p_1 + d_1, p_1 + d_2, p_1 + d_3, p_1 + d_4)$$

Die bereits bekannten Spezialfälle sind Quintette mit gleichem Abstand untereinander und Fünflinge mit den Abständen 2-4-2-4, also der allgemeinen Form $(p, p+2, p+6, p+8, p+12)$ bzw. mit den Abständen 4-2-4-2, also der allgemeinen Form $(p, p+4, p+6, p+10, p+12)$.

3.4.4.2 Einschränkungen für Fünfergruppierungen

3.4.4.2.1 Einschränkung aufgrund von Teilbarkeit durch 3

Die in 3.4.3.2.1 *Einschränkung aufgrund von Teilbarkeit durch 3* gewonnenen Erkenntnisse zur Teilbarkeit von Vierergruppierungen durch 3 stellen sich für Fünfergruppierungen entsprechend Satz (S50) so dar:

(S52) Ausgeschlossen sind **Fünfergruppierungen**, wenn für drei benachbarte Zahlen gilt:

$$\Delta p_i \equiv \mathbf{1} \pmod 3 \;\wedge\; \Delta p_{i+1} \equiv \mathbf{1} \pmod 3 \qquad (\Delta p_j = 2k,\; k \in \mathbb{N} \text{ beliebig})$$
oder $\quad \Delta p_i \equiv \mathbf{2} \pmod 3 \;\wedge\; \Delta p_{i+1} \equiv \mathbf{2} \pmod 3 \qquad (j \neq i,\, j \neq i+1)$

Weiterhin sind Fünfergruppierungen ausgeschlossen, wenn für vier aufeinander folgende Zahlen gilt ($\Delta p_1 = 2k$ bzw. $\Delta p_4 = 2l$, mit beliebigem $k, l \in \mathbb{N}!$):

$$\Delta p_i \equiv \mathbf{1} \pmod 3 \;\wedge\; \Delta p_{i+1} \equiv \mathbf{0} \pmod 3 \;\wedge\; \Delta p_{i+2} \equiv \mathbf{1} \pmod 3$$
oder $\quad \Delta p_i \equiv \mathbf{2} \pmod 3 \;\wedge\; \Delta p_{i+1} \equiv \mathbf{0} \pmod 3 \;\wedge\; \Delta p_{i+2} \equiv \mathbf{2} \pmod 3$

Fünfergruppierungen sind außerdem ausgeschlossen, wenn gilt:

$$\Delta p_1 \equiv \mathbf{1} \pmod 3 \wedge \Delta p_2 \equiv \mathbf{0} \pmod 3 \wedge \Delta p_3 \equiv \mathbf{0} \pmod 3 \wedge \Delta p_4 \equiv \mathbf{1} \pmod 3$$
oder $\quad \Delta p_1 \equiv \mathbf{2} \pmod 3 \wedge \Delta p_2 \equiv \mathbf{0} \pmod 3 \wedge \Delta p_3 \equiv \mathbf{0} \pmod 3 \wedge \Delta p_4 \equiv \mathbf{2} \pmod 3$

Schließlich sind Fünfergruppierungen auch ausgeschlossen, wenn gilt:

$$\Delta p_1 \equiv \mathbf{1} \pmod 3 \wedge \Delta p_2 \bmod 3 + \Delta p_3 \bmod 3 = 3 \wedge \Delta p_4 \equiv \mathbf{1} \pmod 3$$
oder $\quad \Delta p_1 \equiv \mathbf{2} \pmod 3 \wedge \Delta p_2 \bmod 3 + \Delta p_3 \bmod 3 = 3 \wedge \Delta p_4 \equiv \mathbf{2} \pmod 3$

3.4.4.2.2 Einschränkung aufgrund von Teilbarkeit durch 5

(S53) Fünfergruppierungen der Form

$$(p, p+d_1, p+d_2, p+d_3, p+d_4) = (p, p+5k_1+1, p+5k_2+2, p+5k_3+3, p+5k_4+4) \quad k_i \in \mathbb{N}$$

bzw. $\quad d_1 \equiv \mathbf{1} \pmod 5 \wedge d_2 \equiv \mathbf{2} \pmod 5 \wedge d_3 \equiv \mathbf{3} \pmod 5 \wedge d_4 \equiv \mathbf{4} \pmod 5$

allgemein: $\quad d_i \equiv r_i \pmod 5,\; r_i \in \{1; 2; 3; 4\},\; r_i \neq r_j \text{ für } i \neq j$

kommen nicht vor, weil eine der fünf Zahlen durch 5 teilbar ist — unabhängig davon, mit welcher Zahl die Gruppierung beginnt und welche konkreten Werte die Faktoren k_i haben.

Deshalb existieren beispielsweise keine Fünfergruppierungen:
$(p, p+1·5+1, p+2·5+2, p+3·5+3, p+4·5+4) = (p, p+6, p+12, p+18, p+24)$ = Quintett mit $\Delta p = 6$
$(p, p+1·5+1, p+2·5+4, p+3·5+3, p+4·5+2) = (p, p+6, p+14, p+18, p+22)$
$(p, p+1·5+3, p+2·5+2, p+3·5+1, p+4·5+4) = (p, p+8, p+12, p+16, p+24)$
$(p, p+1·5+3, p+2·5+4, p+3·5+1, p+4·5+2) = (p, p+8, p+14, p+16, p+22)$

Tabelle **29a** zeigt die Systematik der Einschränkungen, die den Divisionsresten r_i modulo 5 zugrunde liegt. Es existieren keine Fünfergruppierungen,
deren Abstände d_i zu folgenden Zahlen r_i kongruent modulo 5 sind:

r_1	r_2	r_3	r_4	r_1	r_2	r_3	r_4	r_1	r_2	r_3	r_4	r_1	r_2	r_3	r_4
1	2	3	4	2	1	3	4	3	1	2	4	4	1	2	3
		4	3			4	3			4	2			3	2
	3	2	4		3	1	4		2	1	4		2	1	3
		4	2			4	1			4	1			3	1
	4	2	3		4	1	3		4	1	2		3	1	2
		3	2			3	1			2	1			2	1

Tabelle 29a: Generelle Einschränkungen der Abstände $d_i \equiv r_i$ (mod 5) für beliebige Fünfergruppierungen

(S54a) Es existieren keine **Fünfergruppierungen** mit $d_i \equiv r_i$ (mod 5), $r_i \neq r_j$ für $i \neq j$.

In Tabelle **29b** ist diese Systematik alternativ dargestellt mit s_i modulo 5, weil sich darin die Abstände, für die keine Fünfergruppierungen existieren, bequemer angeben lassen. Dazu sind die Abstände d_i zur ersten Zahl der Gruppierung umgerechnet in Abstände Δp_i zwischen benachbarten Zahlen der Gruppierung:

$$\Delta p_1 = d_1, \ \Delta p_2 = d_2 - d_1, \ \Delta p_3 = d_3 - d_2, \ \Delta p_4 = d_4 - d_3$$

Hinweis: Bei der Berechnung der Differenz von Divisionsresten modulo 5 muss 5 addiert werden, wenn sich ein negatives Ergebnis ergibt.

Es existieren keine Fünfergruppierungen,
deren Abstände Δp_i zu folgenden Zahlen s_i kongruent modulo 5 sind:

s_1	s_2	s_3	s_4	s_1	s_2	s_3	s_4	s_1	s_2	s_3	s_4	s_1	s_2	s_3	s_4
1	2	1	1	2	4	2	1	3	1	2	4	1	1
		2	4			3	4			3	3			2	4
		4	2		1	3	3	3	4	4	3	4	3	4	2
		1	3			1	2			2	2			1	3
	3	3	1		2	2	2		1	2	1			3	1
		4	4			4	3			3	4			4	4

Tabelle 29b: Generelle Einschränkungen der Abstände $\Delta p_i \equiv s_i$ (mod 5) für beliebige Fünfergruppierungen

(S54b) Es existieren keine **Fünfergruppierungen** mit $\Delta p_i \equiv s_i$ (mod 5), $s_i = s_j$ für $i \neq j$.

Weil die Abstände Δp_i — abgesehen von dem Paar (2; 3) — stets gerade sind, entsprechen ihre Kongruenzen eindeutig folgenden Formeldarstellungen, z. B. für $\Delta p_i \equiv s_i$ (mod 5) :

$\Delta p_i \equiv \mathbf{1}$ (mod 5) — $\Delta p_i = 6 + 10k$
$\Delta p_i \equiv \mathbf{2}$ (mod 5) — $\Delta p_i = 2 + 10k$
$\Delta p_i \equiv \mathbf{3}$ (mod 5) — $\Delta p_i = 8 + 10k$
$\Delta p_i \equiv \mathbf{4}$ (mod 5) — $\Delta p_i = 4 + 10k$ $k \in \mathbb{N}$

3.4.4.2.3 Einschränkung aufgrund der Endziffer 5

Die Endziffer ...5 ist gleichbedeutend mit der bereits untersuchten Teilbarkeit durch 5. Trotzdem ist die Betrachtung der Endziffern eine Alternative, denn sie ermöglicht es ebenfalls, aus vorgegebenen Abständen d_i zu erkennen, welche Endziffern von p ausgeschlossen sind, weil sie zur Folge hätten, dass eine Zahl der (5er-)Gruppierung die Endziffer ...5 hätte.

(S55) In **Fünfergruppierungen** existiert stets ein $s_i \in \{1; 2; 3; 4\}$, $s_i \neq r_i$ für alle $d_i \equiv r_i$ (mod 5). Ihre ersten vier und ihre letzten vier Primzahlen erfüllen Satz (S51).

3.4.4.3 Zählung von Fünfergruppierungen
Anzahl von Fünfergruppierungen mit Abstand $\Delta p_1 = 2$

Δp_2:	2					
Δp_3:	2	4	6	8	10	12
Δp_4						
2	0	1¹	0	0	0	0
4	0	0	0	0	0	0
6	0	0	0	0	0	0
8	0	0	0	0	0	0
10	0	0	0	0	0	0
12	0	0	0	0	0	0
Σ:	0	1	0	0	0	0
Δp_2:	4					
Δp_3:	2	4	6	8	10	12
Δp_4						
2	0	0	273	0	0	189
4	205	0	0	0	0	0
6	0	0	160	293	0	0
8	0	0	418	0	0	107
10	186	0	0	232	0	0
12	225	0	115	158	0	124
Σ:	616	0	966	683	0	420
Δp_2:	6					
Δp_3:	2	4	6	8	10	12
Δp_4						
2	0	321	0	0	281	0
4	0	0	248	0	0	124
6	0	317	206	0	127	94
8	0	243	0	0	140	0
10	0	0	182	0	0	268
12	0	131	0	0	295	114
Σ:	0	1.012	636	0	843	600
Δp_2:	8					
Δp_3:	2	4	6	8	10	12
Δp_4						
2	0	0	0	0	0	0
4	0	0	0	0	0	0
6	0	0	0	0	0	0
8	0	0	0	0	0	0
10	0	0	0	0	0	0
12	0	0	0	0	0	0
Σ:	0	0	0	0	0	0
Δp_2:	10					
Δp_3:	2	4	6	8	10	12
Δp_4						
2	0	0	257	0	0	204
4	230	0	0	254	0	0
6	404	0	118	326	0	288
8	0	0	202	0	0	156
10	408	0	0	351	0	0
12	213	0	225	166	0	66
Σ:	1.255	0	802	1.097	0	714
Δp_2:	12					
Δp_3:	2	4	6	8	10	12
Δp_4						
2	0	180	0	0	233	0
4	0	0	442	0	0	182
6	0	184	150	0	353	86
8	0	0	0	0	230	0
10	0	0	288	0	0	93
12	0	167	169	0	130	0
Σ:	0	531	1.049	0	946	361

Die Tabellen *30* bis *35* zeigen die Anzahlen beliebiger Gruppierungen von 5 Primzahlen

$(p_1, p_2, p_3, p_4, p_5) =$
$(p_1, p_1 + \Delta p_1, p_2 + \Delta p_2, p_3 + \Delta p_3, p_4 + \Delta p_4)$

für

$\Delta p_i \leq 12$

innerhalb der ersten 1.000.000 Primzahlen.

Die hellgrau unterlegten Felder bedeuten Teilbarkeit durch 3, dunkelgrau unterlegte Felder weisen auf Teilbarkeit durch 5 hin.

Die durch 3 teilbaren Abstände
$\Delta p_i = 6$ und $\Delta p_i = 12$
sind mit Raster unterlegt:
6
12

1 **Sonderfall**:
Die Primzahlfünfergruppierung
(3; 5; 7; 11; 13) enthält die ‚Endziffer' **5**.

Tabelle 30: Fünfergruppierungen-Anzahlen mit $\Delta p_1 = 2$, erste 1.000.000 Primzahlen

Anzahl von Fünfergruppierungen, $\Delta p_1 = 4$

Δp_2:	2				
Δp_3:	2	4	6	8	10	12
Δp_4						
2	0	206	0	0	235	0
4	0	0	177	0	0	0
6	0	345	0	0	186	228
8	0	214	0	0	212	0
10	0	0	183	0	0	265
12	0	154	104	0	197	114
Σ:	0	919	464	0	830	607

Δp_2:	4				
Δp_3:	2	4	6	8	10	12
Δp_4						
2	0	0	0	0	0	0
4	0	0	0	0	0	0
6	0	0	0	0	0	0
8	0	0	0	0	0	0
10	0	0	0	0	0	0
12	0	0	0	0	0	0
Σ:	0	0	0	0	0	0

Δp_2:	6				
Δp_3:	2	4	6	8	10	12
Δp_4						
2	0	0	264	0	0	418
4	167	0	0	296	0	0
6	275	0	156	485	0	151
8	0	0	341	0	0	193
10	321	0	0	393	0	0
12	327	0	133	271	0	163
Σ:	1.090	0	894	1.445	0	925

Δp_2:	8				
Δp_3:	2	4	6	8	10	12
Δp_4						
2	0	0	0	0	235	0
4	0	0	264	0	0	141
6	0	177	193	0	179	178
8	0	108	0	0	256	0
10	0	0	214	0	0	143
12	0	0	139	0	205	52
Σ:	0	285	810	0	875	514

Δp_2:	10				
Δp_3:	2	4	6	8	10	12
Δp_4						
2	0	0	0	0	0	0
4	0	0	0	0	0	0
6	0	0	0	0	0	0
8	0	0	0	0	0	0
10	0	0	0	0	0	0
12	0	0	0	0	0	0
Σ:	0	0	0	0	0	0

Δp_2:	12				
Δp_3:	2	4	6	8	10	12
Δp_4						
2	0	0	135	0	0	181
4	0	0	0	137	0	0
6	200	0	0	236	0	85
8	0	0	179	0	0	64
10	187	0	0	129	0	0
12	171	0	84	88	0	45
Σ:	558	0	398	590	0	375

Tabelle 31: Fünfergruppierungen-Anzahlen mit $\Delta p_1 = 4$, erste 1.000.000 Primzahlen

Anzahl von Fünfergruppierungen, $\Delta p_1 = 6$

Δp_2:	2				
Δp_3:	2	4	6	8	10	12
Δp_4						
2	0	0	0	0	437	0
4	0	0	286	0	0	213
6	0	170	304	0	102	329
8	0	210	0	0	216	0
10	0	0	190	0	0	275
12	0	0	174	0	221	123
Σ:	0	380	954	0	976	940

Δp_2:	4				
Δp_3:	2	4	6	8	10	12
Δp_4						
2	0	0	305	0	0	188
4	351	0	0	196	0	0
6	184	0	336	191	0	214
8	0	0	371	0	0	171
10	348	0	0	284	0	0
12	169	0	355	134	0	129
Σ:	1.052	0	1.367	805	0	702

Δp_2:	6				
Δp_3:	2	4	6	8	10	12
Δp_4						
2	0	174	197	0	119	146
4	0	0	173	190	0	0
6	328	348	0	458	213	154
8	0	104	182	0	200	48
10	179	0	181	218	0	120
12	207	177	155	204	154	119
Σ:	714	803	888	1.070	686	587

Δp_2:	8				
Δp_3:	2	4	6	8	10	12
Δp_4						
2	0	309	0	0	336	0
4	0	0	446	0	0	271
6	0	181	450	0	235	114
8	0	165	0	0	144	0
10	0	0	289	0	0	211
12	0	125	161	0	216	103
Σ:	0	780	1.346	0	931	699

Δp_2:	10				
Δp_3:	2	4	6	8	10	12
Δp_4						
2	0	0	126	0	0	389
4	172	0	0	162	0	0
6	110	0	206	241	0	177
8	0	0	271	0	0	165
10	392	0	0	208	0	0
12	217	0	125	88	0	164
Σ:	891	0	728	699	0	895

Δp_2:	12				
Δp_3:	2	4	6	8	10	12
Δp_4						
2	0	0	103	0	255	103
4	168	0	168	165	0	107
6	383	208	156	114	160	175
8	0	96	0	0	175	105
10	246	0	75	101	0	108
12	142	0	120	124	196	101
Σ:	939	304	622	504	786	699

Tabelle 32: Fünfergruppierungen-Anzahlen mit $\Delta p_1 = 6$, erste 1.000.000 Primzahlen

3.4 Primzahlgruppierungen beliebiger Form

Anzahl von Fünfergruppierungen, $\Delta p_1 = 8$

Δp_2:	2					
Δp_3:	2	4	6	8	10	12
Δp_4						
2	0	0	0	0	0	0
4	0	0	0	0	0	0
6	0	0	0	0	0	0
8	0	0	0	0	0	0
10	0	0	0	0	0	0
12	0	0	0	0	0	0
Σ:	0	0	0	0	0	0
Δp_2:	4					
Δp_3:	2	4	6	8	10	12
Δp_4						
2	0	0	240	0	0	0
4	251	0	0	100	0	0
6	234	0	102	180	0	91
8	0	0	205	0	0	78
10	163	0	0	209	0	0
12	0	0	183	116	0	0
Σ:	648	0	730	605	0	169
Δp_2:	6					
Δp_3:	2	4	6	8	10	12
Δp_4						
2	0	419	0	0	190	0
4	0	0	318	0	0	222
6	0	390	170	0	273	0
8	0	164	0	0	101	0
10	0	0	288	0	0	151
12	0	319	121	0	132	92
Σ:	0	1.292	897	0	696	465
Δp_2:	8					
Δp_3:	2	4	6	8	10	12
Δp_4						
2	0	0	0	0	0	0
4	0	0	0	0	0	0
6	0	0	0	0	0	0
8	0	0	0	0	0	0
10	0	0	0	0	0	0
12	0	0	0	0	0	0
Σ:	0	0	0	0	0	0
Δp_2:	10					
Δp_3:	2	4	6	8	10	12
Δp_4						
2	0	0	135	0	0	211
4	244	0	0	276	0	0
6	235	0	210	106	0	198
8	0	0	91	0	0	172
10	282	0	0	192	0	0
12	204	0	101	130	0	135
Σ:	965	0	537	704	0	716
Δp_2:	12					
Δp_3:	2	4	6	8	10	12
Δp_4						
2	0	117	0	0	143	0
4	0	0	185	0	0	61
6	0	187	73	0	200	90
8	0	56	0	0	178	0
10	0	0	184	0	0	121
12	0	78	122	0	151	28
Σ:	0	438	564	0	672	300

Tabelle 33: Fünfergruppierungen-Anzahlen mit $\Delta p_1 = 8$, erste 1.000.000 Primzahlen

Anzahl von Fünfergruppierungen, $\Delta p_1 = 10$

Δp_2:	2					
Δp_3:	2	4	6	8	10	12
Δp_4						
2	0	164	0	0	414	0
4	0	0	349	0	0	192
6	0	328	174	0	347	240
8	0	178	0	0	306	0
10	0	0	317	0	0	249
12	0	157	140	0	212	87
Σ:	0	827	980	0	1.279	768
Δp_2:	4					
Δp_3:	2	4	6	8	10	12
Δp_4						
2	0	0	0	0	0	0
4	0	0	0	0	0	0
6	0	0	0	0	0	0
8	0	0	0	0	0	0
10	0	0	0	0	0	0
12	0	0	0	0	0	0
Σ:	0	0	0	0	0	0
Δp_2:	6					
Δp_3:	2	4	6	8	10	12
Δp_4						
2	0	0	197	0	0	313
4	178	0	0	208	0	0
6	172	0	188	287	0	104
8	0	0	271	0	0	159
10	303	0	0	184	0	0
12	216	0	71	199	0	116
Σ:	869	0	727	878	0	692
Δp_2:	8					
Δp_3:	2	4	6	8	10	12
Δp_4						
2	0	217	0	0	352	0
4	0	0	361	0	0	113
6	0	328	218	0	205	132
8	0	180	0	0	226	0
10	0	0	197	0	0	162
12	0	90	79	0	225	84
Σ:	0	815	855	0	1.008	491
Δp_2:	10					
Δp_3:	2	4	6	8	10	12
Δp_4						
2	0	0	0	0	0	0
4	0	0	0	0	0	0
6	0	0	0	0	0	0
8	0	0	0	0	0	0
10	0	0	0	0	0	0
12	0	0	0	0	0	0
Σ:	0	0	0	0	0	0
Δp_2:	12					
Δp_3:	2	4	6	8	10	12
Δp_4						
2	0	0	285	0	0	93
4	250	0	0	142	0	0
6	259	0	140	212	0	107
8	0	0	173	0	0	145
10	236	0	0	116	0	0
12	137	0	163	157	0	42
Σ:	882	0	761	627	0	387

Tabelle 34: Fünfergruppierungen-Anzahlen mit $\Delta p_1 = 10$, erste Million Primzahlen

Anzahl von Fünfergruppierungen, $\Delta p_1 = 12$

Δp_2:			2			
Δp_3:	2	4	6	8	10	12
Δp_4						
2	0	209	0	0	218	0
4	0	0	355	0	0	163
6	0	152	220	0	249	159
8	0	0	0	0	196	0
10	0	0	229	0	0	127
12	0	116	195	0	89	0
Σ:	0	477	999	0	752	449
Δp_2:			4			
Δp_3:	2	4	6	8	10	12
Δp_4						
2	0	0	116	0	0	156
4	160	0	0	0	0	0
6	0	0	206	122	0	0
8	0	0	321	0	0	86
10	138	0	0	86	0	0
12	129	0	110	53	0	94
Σ:	427	0	753	261	0	336
Δp_2:			6			
Δp_3:	2	4	6	8	10	12
Δp_4						
2	0	135	0	0	232	182
4	114	0	160	128	0	86
6	159	374	139	177	129	97
8	0	183	104	0	75	120
10	136	0	72	100	0	157
12	206	90	0	95	203	182
Σ:	615	782	475	500	639	824
Δp_2:			8			
Δp_3:	2	4	6	8	10	12
Δp_4						
2	0	153	0	0	158	0
4	0	0	251	0	0	104
6	0	135	196	0	74	122
8	0	144	0	0	125	0
10	0	0	155	0	0	177
12	0	49	111	0	182	59
Σ:	0	481	713	0	539	462
Δp_2:			10			
Δp_3:	2	4	6	8	10	12
Δp_4						
2	0	0	282	0	0	114
4	195	0	0	220	0	0
6	205	0	142	186	0	199
8	0	0	147	0	0	147
10	203	0	0	237	0	0
12	101	0	214	173	0	43
Σ:	704	0	785	816	0	503
Δp_2:			12			
Δp_3:	2	4	6	8	10	12
Δp_4						
2	0	112	121	0	60	0
4	128	0	138	50	0	52
6	126	134	93	86	152	93
8	0	0	86	0	147	22
10	83	0	98	115	0	35
12	0	83	203	63	38	0
Σ:	337	329	739	314	397	202

Tabelle 35: Fünfergruppierungen-Anzahlen mit $\Delta p_1 = 12$, erste Million Primzahlen

3.4.5 Primzahlfamilien

Bei der Analyse von Gruppierungen beliebiger Form mit mehr als fünf Primzahlen empfiehlt sich wohl — in Anlehnung an die Festlegungen für Primzahlmehrlinge — wiederum die Fragestellung auf Gruppierungen von möglichst(!) eng benachbarten Primzahlen, die wiederholt vorkommen, zu beschränken.

Nach Satz (S42) sind Fünflinge die größten eng benachbarten Primzahlgruppierungen, die wiederholt vorkommen. Dabei ist mit ‚eng benachbart' gemeint, dass es keine engere Nachbarschaft in Primzahlgruppierungen, die wiederholt vorkommen, gibt.

Die Vorgaben für die sehr regelmäßige Form von Mehrlingen werden in Gruppierungen mit mehr als fünf Primzahlen i. A. nicht erfüllt. Sie müssen also für Primzahlfamilien erweitert werden. Die Frage ist also:

Welche Vorgaben für die Form erfüllen Primzahlfamilien, die so eng wie möglich benachbart sind und wiederholt vorkommen?

Vereinfacht gefragt:

Wie groß ist Mindestabstand einer solchen Gruppierung von f Primzahlen, also der **Abstand zwischen erster Primzahl p_1 und letzter Primzahl p_f einer Familie**?

Weil die allgemeine Form der Mehrlinge für $f > 5$ i. A. nicht erfüllt werden kann, ist bereits sicher:

$$p_f - p_1 > \begin{cases} (f/2 - 1) \cdot 6 + 2 & \text{für } f \text{ gerade} \\ (f - 1) \cdot 3 & \text{für } f \text{ ungerade} \end{cases}$$

In den ersten 1.000.000 Primzahlen existieren folgende Familien ($p_{i+1} = p_i + \Delta p_i$):

Familien-größe f	Abstand $p_f - p_1$	Anzahl	Primzahlabstände							
			Δp_1	Δp_2	Δp_3	Δp_4	Δp_5	Δp_6	Δp_7	Δp_8	Δp_9
6	16	25	4	2	4	2	4				
7	20	4	2	4	2	4	6	2			
		9	2	6	4	2	4	2			
8	24	1	4	2	4	2	4	6	2		
	26	1	2	4	2	4	6	2	6		
		4	2	4	6	2	6	4	2		
		5	6	2	6	4	2	4	2		
9	30	1	4	2	4	2	4	6	2	6	
		1	2	4	2	4	6	2	6	4	
		2	2	4	6	2	6	4	2	4	
		3	2	4	6	2	6	4	2	4	
		2	4	6	2	6	4	2	4	2	
10	32	1	4	2	4	2	4	6	2	6	4
	34	1	4	2	4	6	2	6	4	2	4
		2	4	2	4	6	2	6	4	2	4

Tabelle 36: Anzahlen von Primzahlfamilien

Anhang

Abkürzungen

Definitionen — Sätze

(Dnn)	Definition nn
(Sn.i)	Satz n.i
(Snn)*	Vermutung nn

Symbole

Allgemein

⇨	siehe
⇨	vergleiche
#	Nr.
d	Differenz
D	Definition
e	$= 2{,}718\,281\,828\,459\,045\,235\,360\,287\ldots$ eulersche Zahl
p	Primzahl, Primfaktor
π	$= 3{,}141\,592\,653\,589\,793\,238\,462\,643\ldots$ Kreiszahl
q	Quotient
S	Satz

Mathematisch

±	entweder plus oder minus
≠	ungleich
≡	kongruent
$n!$	n-Fakultät
$p!!$	Primzahlfakultät, ⇨ Definition (D14)
|	teilt

Logisch

¬	nicht
∧	und
∨	oder
⇒	daraus folgt
⇔	äquivalent

Mengen

{ }	Mengenklammern
∈	Element
∉	Kein Element
∩	geschnitten mit
∪	vereinigt mit
$\mathbb{N}$	Menge der natürlichen Zahlen $\{1; 2; 3; \ldots\}$
$\mathbb{N}_0$	$\mathbb{N} \cup \{0\}$
$\mathbb{P}$	Menge der Primzahlen $= \{2\} \cup \mathbb{P}_1 \cup \mathbb{P}_2$
$\mathbb{P}_1$	Menge der Primzahlen 1. Art, ⇨ Definition (D1)
$\mathbb{P}_2$	Menge der Primzahlen 2. Art, ⇨ Definition (D2)
$\mathbb{Q}$	Menge der rationalen Zahlen $\{q \mid q = {}^m/_n;\ m,n \in \mathbb{Z};\ n \neq 0\}$
$\mathbb{R}$	Menge der reellen Zahlen
$\mathbb{Z}$	Menge der ganzen Zahlen $\{\ldots; -2; -1; 0; 1; 2; \ldots\}$

A

Abst.	Abstand

B

Bem.	Bemerkung
bzw.	beziehungsweise

D

Def.	Definition
d.h.	das heißt

E

ex.	existiert, existieren

G

ggf.	gegebenenfalls
ggT	größter gemeinsamer Teiler
Gr.	Gruppierung

H

hom.	homogen

I

i. Ggs.	im Gegensatz
inhom.	inhomogen

M

mod	modulo (Divisionsrest-Operator)

N

Nr.	Nummer

O

o. B. d. A.	ohne Beschränkung der Allgemeinheit

P

pP	pythagoreische Primzahl, allgemeine Form $4n + 1$, $n \in \mathbb{N}$
ppT	primitives pythagoreisches Tripel (a, b, c) mit $a^2 + b^2 = c^2$; $a,b,c \in \mathbb{N}$; (a, b, c) teilerfremd
prim	Element der Primzahlen

Q

q. e. d.	quod erad demonstrandum, was zu beweisen war

S

s. u.	siehe unten

U

u. a.	unter anderem

W

Wid.	Widerspruch

Z

z. B.	zum Beispiel

LITERATUR

Bücher

[L1] Gerhard *Frey*: Elementare Zahlentheorie; Friedr. Vieweg & Sohn Verlagsgesellschaft, Braunschweig 1984.

[L2] Nicola *Oswald*, Jörn *Steuding*: Elementare Zahlentheorie; Verlag Springer Spektrum, Berlin Heidelberg 2015.

[L3] Friedhelm *Padberg*: Elementare Zahlentheorie; Spektrum Akademischer Verlag, Heidelberg 2008, 3. Auflage.

[L4] Reinhold *Remmert*, Peter *Ullrich*: Elementare Zahlentheorie; Birkhäuser Verlag, Basel 2008, 3. Auflage.

[L5] Jochen *Ziegenbalg*: Elementare Zahlentheorie; Verlag Springer Spektrum, Wiesbaden 2015, 2. Auflage.

[L6] Victor *Klee*, Stan *Wagon*: Alte und neue ungelöste Probleme in der Zahlentheorie und Geometrie der Ebene; Verlag Springer, Basel AG 1997.

[L7] Martin *Bergman* (Redaktionelle Leitung): Schülerduden Mathematik 1; Verlag Bibliographisches Institut & F.A. Brockhaus, Mannheim 2004.

[L8] Harald *Scheid*: Duden, Rechnen und Mathematik; Dudenverlag, Mannheim 2000, 6. Auflage.

[L9] Lothar *Papula*: Mathematische Formelsammlung, 9. Auflage, Friedr. Vieweg & Sohn Verlagsgesellschaft, Wiesbaden 2006.

[L10] Herausgeber: Heinrich *Behnke*, Reinhold *Remmert*, Hansgeorg *Steiner*, Horst *Tietz*: DAS FISCHER LEXIKON, Mathematik 1; Verlag Fischer Bücherei, Frankfurt am Main 1964.

[L11] Thomas *Markwig*: Elementare Zahlentheorie, Vorlesungsskript März 2010.

[L12] Albert H. *Beiler*: Recreations in the Theory of Numbers: The Queen of Mathematics Entertains; Ch. 14, The Eternal Triangle, Dover Publications Inc. New York, 2nd Ed., Dover 1966.

Eine thematisch ähnliche Arbeit des Autors wie die vorliegende ist:

[L13] Pythagoreische Zahlentripel Eigenschaften – Häufigkeit – Gruppierungen, Datenbasis: Erste 5.632.362.270 Tripel, pdf-Datei: 292 Seiten, DIN B5; kurz gefasste Druckversion: 40 S., DIN A5. Veröffentlichung im Juni 2016 (Kontakt: *http://www.pibook.de*).

Internet

https://www.wikipedia.de/

http://mathworld.wolfram.com
(Primzahlcluster, Primzahl-Cousinen, sexy Primzahlen)
(umfangreiches Sachwortregister)

http://www.arndt-bruenner.de/mathe/mathekurse.htm
(Primzahlliste, **Primfaktorzerlegung**)
(Sätze, umfangreiche Themenübersicht)

www.arndt-bruenner.de/mathe/scripts/eratosthenes.htm
(Simulation zum Sieb des Eratosthenes)

http://www.ziegenbalg.ph-karlsruhe.de
(Simulation zum Sieb des Eratosthenes)

www.primzahlen.de
(Primzahlgenerator, Primzahltest)
(Beispiel zum Sieb des Eratosthenes)

http://primes.utm.edu
(Erste 50.000.000 Primzahlen)
(Primzahltest, Primfaktorzerlegung)

www.bigprimes.net
(Erste 1.399.999.900 Primzahlen)
(Primfaktorzerlegung)
(Primzahltyp-Erkennung)
(Primality Checker bis 16 Ziffern)

www.mersenne.org/prime.htm
(Mersenne-Primzahlen, GIMPS-Historie)

http://oeis.org
(Analyse beliebiger Zahlenfolgen)
(pythagoreische Primzahlen)

VERZEICHNISSE
Graphen

Graph 1: Primzahlsatz und Anzahl n der Primzahlen für $p_n <$ 16.000.000   8

Graph 2: Primzahlsatz-Werte mit Grenzwertschätzung aus $p_n \leq$ 982.451.653   9

Graph 3: Vergleich der Häufigkeit der Primzahlarten   9

Graph 4: Relative Primzahlgröße für $p_n \leq$ 2.213   10

Graph 5: Relative Primzahlgröße für $p_n <$ 16.000.000   10

Graph 6: Relative Primzahlgröße für $p_n <$ 16.000.000, extrapoliert   10

Graph 7: Relative Primzahlgröße für $p_n \leq$ 982.451.653   10

Graph 8: Abstand Δp benachbarter Primzahlen, $p_n \leq$ 2.213   11

Graph 9: Abstand Δp benachbarter Primzahlen, $p_n \leq$ 82.891   11

Graph 10: Erstmaliger Sprung Δp der Primzahlen, $p_n \leq$ 211   12

Graph 11: Erstmaliger Sprung Δp der Primzahlen, $p_n \leq$ 30.631   12

Graph 12: Erstmaliger Sprung Δp der Primzahlen, $p_n \leq$ 544.367   12

Graph 13: Erstmaliger Sprung Δp der Primzahlen, $p_n \leq$ 2.238.931   13

Graph 14: Erstmaliger Sprung Δp der Primzahlen, $p_n <$ 16.000.000   13

Graph 15: Erstmaliger Sprung Δp der Primzahlen, $p_n \leq$ 179.424.673   13

Graph 16: Erstmaliger Sprung Δp der Primzahlen, $p_n \leq$ 982.451.653   13

Graph 17: Erstmaliges Auftreten einer Primzahlgruppierung mit Abstand $1 \leq \Delta p \leq 14$, $p_n \leq$ 269   23

Graph 18: Erstmaliges Auftreten einer Primzahlgruppierung mit Abstand $1 \leq \Delta p \leq 28$, $p_n \leq$ 16.811   23

Graph 19: Erstmaliges Auftreten einer Primzahlgruppierung mit Abstand $1 \leq \Delta p \leq 34$, $p_n \leq$ 111.533   23

Graph 20: Erstmaliges Auftreten einer Primzahlgruppierung mit Abstand $1 \leq \Delta p \leq 46$, $p_n \leq$ 1.397.681   24

Graph 21: Erstmaliges Auftreten einer Gruppierung mit Abstand $24 \leq \Delta p \leq 64$, $p_n \leq$ 9.843.139   24

Graph 22: Erstmaliges Auftreten einer Gruppierung mit Abstand $28 \leq \Delta p \leq 74$, $p_n \leq$ 23.921.383   24

Graph 23: Erstmaliges Auftreten einer Gruppierung mit Abstand $28 \leq \Delta p \leq 74$, $p_n \leq$ 121.174.961   25

Graph 24: Erstmaliges Auftreten einer Gruppierung mit Abstand $28 \leq \Delta p \leq 78$, $p_n \leq$ 491.526.073   25

Graph 25: Erstmaliges Auftreten einer Gruppierung mit Abstand $68 \leq \Delta p \leq 146$, $p_n \leq$ 807.620.903   25

Graph 26: Erstmaliges Auftreten einer Gruppierung mit Abstand $108 \leq \Delta p \leq 226$, $p_n \leq$ 807.620.903   25

Graph 27: Anzahl äquidistanter Primzahlgruppierungen, $1 \leq \Delta p \leq 42$, $p_n <$ 16.000.000   32

Graph 28: Anzahl äquidistanter Primzahlgruppierungen, $32 \leq \Delta p \leq 78$, $p_n <$ 16.000.000   32

Graph 29: Anzahl von Primzahlpaaren, $68 \leq \Delta p \leq 114$, $p_n <$ 16.000.000   32

Graph 30: Anzahl von Primzahlpaaren, $104 \leq \Delta p \leq 154$, $p_n <$ 16.000.000   32

Graph 31: Anzahl äquidistanter Primzahlgruppierungen, $1 \leq \Delta p \leq 42$, $p_n \leq$ 982.451.653   33

Graph 32: Anzahl äquidistanter Primzahlgruppierungen, $32 \leq \Delta p \leq 78$, $p_n \leq$ 982.451.653   33

Graph 33: Anzahl äquidistanter Primzahlgruppierungen, $68 \leq \Delta p \leq 114$, $p_n \leq$ 982.451.653   33

Graph 34: Anzahl äquidistanter Primzahlgruppierungen, $104 \leq \Delta p \leq 154$, $p_n \leq$ 982.451.653   34

Graph 35: Anzahl von Primzahlpaaren, $146 \leq \Delta p \leq 216$, $p_n \leq$ 982.451.653   34

Graph 36: Anzahl von Primzahlpaaren, $188 \leq \Delta p \leq 282$, $p_n \leq$ 982.451.653   34

Graph 37: Anzahl der Primzahlzwillinge im Bereich $p \leq$ 982.451.653   41

Graph 38: Schätzung der Anzahl der Primzahlzwillinge, Schätzbasis: 50.000.000 Primzahlen ($p \leq$ 982.451.653)   41

Graph 39: Summe der Kehrwerte von Primzahlzwillingen, $p \leq$ 982.451.653   43

Graph 40: Summe der Kehrwerte von Primzahlzwillingen, extrapoliert, Schätzbasis: 50.000.000 Primzahlen ($p \leq$ 982.451.653)   43

Tabellen

Tabelle 1a:	Erstmalig auftretende Sprünge Δp innerhalb der ersten 50.000.000 Primzahlen	14
Tabelle 1b:	Allgemeine Form der Primzahlen von Paaren	17
Tabelle 2:	Einschränkungen für Primzahlpaare	18
Tabelle 3:	Einschränkungen für Primzahltrios	19
Tabelle 4:	Einschränkungen für Primzahlquartette	20
Tabelle 5:	Mögliche Endziffern von Primzahlquartetten	20
Tabelle 6:	Einschränkungen für Primzahlquintette	21
Tabelle 7:	Einschränkungen für Primzahlsextette	21
Tabelle 8a:	Erstmalig auftretende Endziffervarianten der Primzahltrios, $p \leq 982.451.653$	26
Tabelle 8b:	Allgemeine Form der Primzahlen von Trios	26
Tabelle 9a:	Erstmalig auftretende Endziffervarianten der Primzahlquartette, $p \leq 982.451.653$	27
Tabelle 9b:	Allgemeine Form der Primzahlen von Quartetten	27
Tabelle 10a:	Erstmalig auftretende Endziffervarianten der Primzahlquintette, $p \leq 982.451.653$	27
Tabelle 10b:	Primzahlquintette (Auswahl), $p \leq 982.451.653$	28
Tabelle 10c:	5er-Gruppierungen von pythagoreischen Primzahlen, $34.353.304.409 \leq p \leq 35.389.175.209$	29
Tabelle 11:	Anzahlen von Primzahlpaaren, $p < x = 16.000.000$ und $p \leq y = 982.451.653$	30
Tabelle 12:	Anzahlen von Primzahltrios, -quartetten, -quintetten und -sextetten	31
Tabelle 13:	Prüfung von Einschränkungsmöglichkeiten für Primzahlmehrlinge	37
Tabelle 14:	Einschränkungen für Primzahlzwillinge	38
Tabelle 15:	Einschränkungen für Primzahldrillinge	38
Tabelle 16:	Einschränkungen für Primzahlvierlinge	38
Tabelle 17:	Einschränkungen für Primzahlfünflinge	38
Tabelle 18:	Einschränkungen für Primzahlsechslinge	38
Tabelle 19:	Einschränkungen für Primzahlsiebenlinge	38
Tabelle 20:	30 ausgesuchte Primzahlzwillinge, $p \leq 107$, $p < 16.000.000$, $p \leq 982.451.653$	39
Tabelle 21:	30 ausgesuchte Primzahldrillinge, $p \leq 101$, $p < 16.000.000$, $p \leq 982.451.653$	39
Tabelle 22:	15 ausgesuchte Primzahlvierlinge, $p \leq 821$, $p < 16.000.000$, $p \leq 982.451.653$	39
Tabelle 23:	30 ausgesuchte Primzahlfünflinge, $p \leq 16.061$, $p < 16.000.000$, $p < 982.451.653$	40
Tabelle 24:	Anzahlen der Primzahlmehrlinge für zwei unterschiedliche Listweiten	41
Tabelle 25:	Ausgeschlossene Formen von Dreiergruppierungen	45
Tabelle 26:	Anzahlen ausgesuchter Dreiergruppierungen in den ersten 1.000.000 Primzahlen	46
Tabelle 27:	Ausgeschlossene Formen von Vierergruppierungen	47
Tabelle 28:	Anzahlen ausgesuchter Vierergruppierungen in den ersten 1.000.000 Primzahlen	48
Tabelle 29a:	Generelle Einschränkungen der Abstände $d_i \equiv r_i \pmod 5$ für beliebige Fünfergruppierungen	50
Tabelle 29b:	Generelle Einschränkungen der Abstände $\Delta p_i \equiv s_i \pmod 5$ für beliebige Fünfergruppierungen	50
Tabelle 30:	Fünfergruppierungen-Anzahlen mit $\Delta p_1 = 2$, erste 1.000.000 Primzahlen	51
Tabelle 31:	Fünfergruppierungen-Anzahlen mit $\Delta p_1 = 4$, erste 1.000.000 Primzahlen	52
Tabelle 32:	Fünfergruppierungen-Anzahlen mit $\Delta p_1 = 6$, erste 1.000.000 Primzahlen	52
Tabelle 33:	Fünfergruppierungen-Anzahlen mit $\Delta p_1 = 8$, erste 1.000.000 Primzahlen	53
Tabelle 34:	Fünfergruppierungen-Anzahlen mit $\Delta p_1 = 10$, erste Million Primzahlen	53
Tabelle 35:	Fünfergruppierungen-Anzahlen mit $\Delta p_1 = 12$, erste Million Primzahlen	54
Tabelle 36:	Anzahlen von Primzahlfamilien	54

Sachwortregister

Symbole

10er-Gruppierung(en). *Siehe* **Primzahl-10er-Gruppierung(en)**
11er-Gruppierung(en). *Siehe* **Primzahl-11er-Gruppierung(en)**
12er-Gruppierung(en). *Siehe* **Primzahl-12er-Gruppierung(en)**
≡ kongruent
   Definition der Kongruenzrelation 4
!! Primzahlfakultät 4
| teilt
   Definition des Teilers einer Zahl 4

A

Abkürzungen 55
Abstand. *Siehe* **Primzahlen: maximaler A.**; *Siehe auch* **Lücke: maximale L.**; *Siehe auch* **Primzahl-10er-Gruppierungen: Einschränkungen: für den A.**; *Siehe auch* **Primzahl-11er-Gruppierungen: Einschränkungen: für den A.**; *Siehe auch* **Primzahl-12er-Gruppierungen: Einschränkungen: für den A.**; *Siehe auch* **Primzahloktette: Einschränkung für den A.**; **Primzahlnonette: Einschränkung für den A.**; *Siehe auch* **Primzahlpaare: erstmalig auftretender A.**; **Primzahlpaare: Einschränkungen: für den A.**; *Siehe auch* **Primzahltrio: mit A. 2**; *Siehe auch* **Primzahltrios: Einschränkungen: für den A.**; **Primzahltrios: erstmalig auftretender A.**; *Siehe auch* **Primzahlen: Einschränkungen: für den A.**; **Primzahlen: erstmalig auftretender A.**; *Siehe auch* **Primzahl-g-Gruppierungen: Einschränkungen: für den A.**; *Siehe auch* **Primzahlgruppierungen: erstmalig auftretender A.**; **Primzahlgruppierungen: maximaler A.**; *Siehe auch* **Primzahlpaar: mit A. 1**; **Primzahlpaare: mit A. 2**; *Siehe auch* **Primzahlquartette: Einschränkungen: für den A.**; **Primzahlquartette: erstmalig auftretender A.**; *Siehe auch* **Primzahlquintette: Einschränkungen: für den A.**; **Primzahlquintette: erstmalig auftretender A.**; *Siehe auch* **Primzahlsextette: Einschränkungen: für den A.**; **Primzahlseptette: Einschränkung für den A.**
   in äquidistanten Primzahlgruppierungen
     maximaler A. 11
   max. A. von Primzahlen 5
Abstände. *Siehe auch* **Primzahlen: A.**; **Primzahlen: Anzahl: der A. benachbarter P.**; *Siehe auch* **Primzahltrios: A.**; **Primzahlquartette: A.**; **Primzahlquintette: A.**
Anzahl. *Siehe auch* **Primzahlen: A.**; **Primzahlzwillinge: Schätzung der**

A. in beliebig langen Listen; *Siehe auch* **Primzahlgruppierungen: äquidistante P.: A. der Primzahlen**
   der Primzahlen 5
Anzahlen. *Siehe auch* **Abstände: Anzahlen der A. benachbarter Primzahlen**;
   Siehe auch **Primzahlfünflinge: A.**; *Siehe auch* **Primzahlpaare: A.**; **Primzahltrios: A.**; **Primzahlquartette: A.**; *Siehe auch* **Primzahlquintette: A.**; **Primzahlsechstette: A.**; *Siehe auch* **Primzahlzwillinge: A.**; **Primzahldrillinge: A.**; **Primzahlvierlinge: A.**

B

Bachet
   Lemma von B. 5

D

Definitionen 4
   (D1) Primzahlen 1. Art 4
   (D2) Primzahlen 2. Art 4
   (D3) Primzahl 4
   (D4) zusammengesetzte Zahl 4
   (D5) Pseudoprimzahl 4
   (D6) Carmichael-Zahl 4
   (D7) Primzahlfunktion 4
   (D8) Homogene Primzahlgruppierung 4
   (D9) Inhomogene Primzahlgruppierung 4
   (D10) Teiler 4
   (D11) Fakultät 4
   (D12) Rest 4
   (D13) Kongruenzrelation 4
   (D14) Primzahlfakultät 4
Division mit Rest 5
Dreiergruppierungen
   allgemeine Form 45
   Einschränkungen 45
     aufgrund der Endziffer 5 46
     aufgrund von Teilbarkeit durch 3 45
   Zählung 46
Drilling(e). *Siehe* **Primzahldrilling(e)**

E

Einschränkung. *Siehe* **Primzahlnonette: E. für den Abstand**; *Siehe auch* **Primzahlseptette: E. für den Abstand**; **Primzahloktette: E. für den Abstand**
Einschränkungen. *Siehe* **Primzahl-10er-Gruppierungen: E.**; **Primzahl-11er-Gruppierungen: E.**; **Primzahl-12er-Gruppierungen: E.**; *Siehe auch* **Primzahlen: E.**; *Siehe auch* **Primzahlgruppierungen: E. für die letzten Ziffern**; *Siehe auch* **Primzahlmehrlinge: E.**; *Siehe auch* **Primzahlpaare: E.**;

Sachwortregister

Primzahltrios: E.; Primzahlquartette: E.; *Siehe auch* **Primzahlquintette: E.; Primzahlsechstette: E.;** *Siehe auch* **Primzahlzwillinge: E. für die letzten Ziffern; Primzahldrillinge: E. für die letzten Ziffern;** *Siehe auch* **Fünfergruppierungen: E.;** *Siehe auch* **Primzahl-g-Gruppierungen: E.;** *Siehe auch* **Primzahlvierlinge: E. für die letzten Ziffern; Primzahlfünflinge: E. für die letzten Ziffern**

Endziffern
   Quartett 20

Euklid
   Satz von E. 5

F

Fakultät 4
Fermat-Zahlen 7
Formeln, allgemeine Form der Primzahlen
   von Paaren 16
   von Quartetten 27
   von Quintetten 27
   von Trios 26

Fünfergruppierungen
   allgemeine Form 49
   Einschränkungen 49
      aufgrund der Endziffer 5 50
      aufgrund von Teilbarkeit durch 3 49
      aufgrund von Teilbarkeit durch 5 49
   Zählung 51

Fünfling(e). *Siehe* **Primzahlfünfling(e)**

G

Gruppierung
   mit sechs eng benachbarten Primzahlen
      Existenz 40
   mit sieben eng benachbarten Primzahlen
      Existenz 40

Gruppierungen. *Siehe* **Primzahlgruppierungen**

H

Häufigkeit
   der Primzahlen 8
homogen 4

I

inhomogen
   Erläuterung 4
   Primzahlmehrlinge 37
Internet 56

K

kongruent 4
Kongruenzrelation 4

L

Lemma
   von Bachet 5
Literatur 56
Lücke. *Siehe auch* **Abstand**
   maximale L.
      in äquidistanten Primzahlgruppierungen 11
      zwischen Primzahlen 11

Lücken
   große L. 11

M

Mersenne-Primzahlen 7
mod 4
Modul 4
modulo 4

N

Namen
   von äquidistanten Primzahlgruppierungen 15
   von Primzahlmehrlingen 37

P

Paar(e). *Siehe* **Primzahlpaar(e)**
pP 4
p!! (Primzahlfakultät) 4
ppT 7
ppT-Cluster 7
prim 4
Primfaktorzerlegung 5
primitive pythagoreische Tripel 7
Primzahl
   Definition 4
   größte P. 5
   Quadrat 6
Primzahl-10er-Gruppierung
   Erläuterung 15
Primzahl-10er-Gruppierungen
   Abstand 22
   Einschränkungen für
      den Abstand 22
      die letzten Ziffern 22
   Existenz 22
Primzahl-11er-Gruppierung
   Erläuterung 15
Primzahl-11er-Gruppierungen
   Einschränkungen für
      den Abstand 22
      die letzten Ziffern 22
   Existenz 22

Sachwortregister

Primzahl-12er-Gruppierungen
  Einschränkungen für
    den Abstand 22
    die letzten Ziffern 22
  Existenz 22
Primzahlart
  von Mehrlingen 37
Primzahl-Cousinen 15
  Einschränkungen für die letzten Ziffern 18
Primzahldichte 10
Primzahl-Dreiergruppierungen.
  Siehe **Dreiergruppierungen**
Primzahldrilling 15
  Definition 37
Primzahldrillinge
  allgemeine Form 39
  Anzahlen 41
  Beispiele 39
  Einschränkungen für die letzten Ziffern 38
  Summe 42
Primzahlen 5
  Abstände 11
  Abstand von P. 5
  allgemeine Form 6
  Anzahl 5
    der P. in äquidistanten Gruppierungen 22
    der P. ≤ x 8
  die ersten 50.000.000 P. 8
  Dreiergruppierungen 45. *Siehe*
    auch Dreiergruppierungen
  Einschränkungen 6
    für den Abstand 6
    für die letzte Ziffer 6
  erster Art 4
  erstmalig auftretender Abstand 12
  Formeln für P. 7
  Fünfergruppierungen 49. *Siehe*
    auch Fünfergruppierungen
  Häufigkeit 8
  maximale Lücke
    zwischen P. 11
  maximaler Abstand
    in äquidistanten Primzahlgruppierungen 11
  Mersenne-P. 7
  pythagoreische P. 4, 7
    5er-Gruppierungen 29
    6er-Gruppierungen 29
    Produkt von Potenzen von p. P. 7
  sexy P. 15
    Einschränkungen für die letzten Ziffern 18
  Sophie Germain-P. 7

Vierergruppierungen 47. *Siehe*
  auch Vierergruppierungen
  zweiter Art 4
Primzahlfakultät 4
Primzahlfamilien 54
  Abstand zwischen erster und letzter Primzahl 54
Primzahl-Fünfergruppierungen.
  Siehe **Fünfergruppierungen**
Primzahlfünfling
  Definition 37
Primzahlfünflinge
  allgemeine Form 40
  Anzahlen 41
  Beispiele 40
  Einschränkungen für die letzten Ziffern 38
  Summe 42
Primzahlfunktion 8
  Definition 4
  Näherung für die P. 8
Primzahl-g-Gruppierung
  Erläuterung 15
Primzahl-g-Gruppierungen
  Definition 22
  Einschränkungen für
    den Abstand 22
    die letzten Ziffern 22
Primzahlgruppierung
  homogen 4
  inhomogen 4
Primzahlgruppierungen. *Siehe*
  auch **Primzahlpaar(e), -trio(s), -quartett(e),**
  -quintett(e), -sextett(e), -septett(e),
  -oktett(e), -nonett; *Siehe auch* **Primzahl-10er-**
  Gruppierung(en), -11er-Gruppierung(en),
  -12er-Gruppierung(en); *Siehe auch* **Primzahl-**
  g-Gruppierung(en), -mehrlinge; *Siehe*
  auch **Primzahlnonett(e)**
  äquidistante P. 15
    Anzahl der Primzahlen 22
    Zählung 30
  beliebige Form 44
  Einschränkungen für die letzten Ziffern in
    10er-Gruppierungen 22
    11er-Gruppierungen 22
    12er-Gruppierungen 22
    g-Gruppierungen 22
    Nonetten 22
    Oktetten 22
    Septetten 22
  eng benachbarte P.. *Siehe* Primzahlmehrlinge
  erstmalig auftretender Abstand 23

Sachwortregister

maximaler Abstand
  in äquidistanten P. 11
  mit mehr als fünf Primzahlen in gleichem Abstand 31
  mit mehr als sechs Primzahlen in gleichem Abstand 31
Primzahlkriterium 5
Primzahlmehrlinge 37. *Siehe auch* **Primzahlzwilling(e), -drilling(e), -vierling(e), -fünfling(e);** *Siehe auch* **Primzahlsechsergruppierung, -siebenergruppierung**
  Beispiele 39
  Definitionen 37
  Einschränkungen
    definitionsbedingt 37
    für die letzten Ziffern 38
  Namen 37
  sind inhomogen 37
Primzahlnonett
  Erläuterung 15
Primzahlnonette
  Abstand 22
  Einschränkungen für
    den Abstand 22
    die letzten Ziffern 22
  Existenz 22
Primzahloktett
  Erläuterung 15
Primzahloktette
  Abstand 22
  Einschränkungen für
    den Abstand 22
    die letzten Ziffern 22
  Existenz 22
Primzahlpaar
  Erläuterung 15
  mit Abstand $\Delta p=1$ 15
Primzahlpaare 16
  allgemeine Form der Primzahlen 16
  Anzahlen 30
  Einschränkungen 18
    für den Abstand 18
    für die letzten Ziffern 18
  erstmalig auftretender Abstand
    Graphen 23
    mit Abstand $\Delta p=2$ 15
    mit gleichen Endziffern 16
  Summe 35, 36
Primzahlquartett
  Erläuterung 15
Primzahlquartette

Abstände
  allgemeine Form 20
  allgemeine Form der Primzahlen 27
  Anzahlen 31
  Einschränkungen 20
    für den Abstand 20
    für die letzten Ziffern 20
  erstmalig auftretender Abstand
    Graphen 23
    Tabelle 27
  Formeln 27
Primzahlquintett 31
  Erläuterung 15
Primzahlquintette
  Abstände
    allgemeine Form 21
    allgemeine Form der Primzahlen 27
  Anzahlen 31
  Einschränkungen 21
    für den Abstand 21
    für die letzten Ziffern 21
  erstmalig auftretender Abstand
    Beispiel 31
    Graphen 23
    Tabelle 27
  Liste (Auswahl) 28
Primzahlsatz, Großer 8
  Formulierung 5
  Quotient $p_n / \ln(p_n)$ 8
Primzahlsechsling
  Definition 37
  einziges Beispiel 40
Primzahlseptett
  Erläuterung 15
Primzahlseptette
  Abstand 22
  Einschränkungen für
    den Abstand 22
    die letzten Ziffern 22
  Existenz 22
Primzahlsextett
  Erläuterung 15
Primzahlsextette
  Anzahlen 31
  von eng benachbarten P.n 41
  Einschränkungen
    für den Abstand 21
    für die letzten Ziffern 21
  von eng benachbarten P.n 38
Primzahlsiebenling

Sachwortregister

Definition 37
einziges Beispiel 40
Primzahltrio
　Erläuterung 15
　mit Abstand $\Delta p=2$ 15
Primzahltrios
　allgemeine Form der Primzahlen 26
　Anzahlen 31, 41
　Einschränkungen 19
　　für den Abstand 19
　　für die letzten Ziffern 19
　erstmalig auftretender Abstand
　　Graphen 23
　erstmaliges Auftreten 26
Primzahl-Vierergruppierungen.
　Siehe **Vierergruppierungen**
Primzahlvierling
　Definition 37
Primzahlvierlinge
　allgemeine Form 39
　Anzahlen 41
　Beispiele 39
　Einschränkungen für die letzten Ziffern 38
　Summe 42
Primzahlzwilling 37
　Definition 37
Primzahlzwillinge 15
　allgemeine Form 39
　Anzahlen 41
　Beispiele 39
　Einschränkungen für die letzten Ziffern 18, 38
　Formel 7
　größte bekannte P. 40
　Schätzung der Anzahl in beliebig langen Listen 41
　Summe 42
　Summe der Kehrwerte 43
Pseudoprimzahl 4
pythagoreisch
　primitives p.es Tripel 7
pythagoreische Primzahlen 4
　Kriterium für das Auftreten 7

Q

Quadrat
　einer Primzahl 6
Quartett
　Endziffern 20
Quintett
　letzte Ziffer aller fünf Primzahlen 21
Quintett(e). *Siehe auch* **Primzahlquintett(e)**

R

relative Primzahlgröße 10
Rest 4
　Zahlen mit gleichem R. 4

S

Satz
　Haupt- der Elementaren Zahlentheorie 5
　Kleiner S. von Fermat 5
　von Euklid 5
　von Wilson 5
Sätze 5
　(S1) Hauptsatz der Elementaren Zahlentheorie 5
　(S2) Primzahlsatz 5
　(S3) Kleiner S. von Fermat 5
　(S4) Es ex. Primzahl p: n<p<n! 5
　(S5) Es ex. Primzahl p: n≤p≤2n 5
　(S6) Anzahl der Primzahlen 5
　(S7) Größte Primzahl 5
　(S8) Max. Abstand von Primzahlen 5
　(S9) Division mit Rest 5
　(S10) Lemma von Bachet 5
　(S11) Primzahlkriterien 5
　(S12) Beschränkung der Teiler von n 5
　(S13._) Abstand von Primzahlen
　　(S13.1) allgemein 6
　　(S13.2) Abstand und Primzahlart 6
　(S14._) Letzte Ziffern von Primzahlpotenzen
　　(S14.1) 2^n 6
　　(S14.2) 3^n 6
　　(S14.3) 5^n 6
　(S15._) Letzte Ziffer von Primzahlen und Primzahlprodukten
　　(S15.1) p 6
　　(S15.2) p^2 6
　　(S15.3) p^3 6
　　(S15.4) p^4 6
　　(S15.5) p^{2n} 6
　　(S15.6) p^{4n} 6
　　(S15.7) p^{4n+1} 6
　　(S15.8) p^{4n+2} 6
　　(S15.9) p^{4n+3} 6
　　(S15.10) $p_1 \cdot p_2$ 6
　　(S15.11) $(p_1 \cdot p_2)^{2n}$ 6
　　(S15.12) $(p_1 \cdot p_2)^{4n}$ 6
　(S16._) Allgemeine Formen von Primzahlen
　　(S16.1) $p = 2k \pm 1$ 6
　　(S16.2) $p = 4m \pm 1$ 6
　　(S16.3) $p = 6n \pm 1$ 6
　　(S16.4) Zusammenfassung 6
　　(S16.5) Allgemeine Form von Primzahlen p>p1 6

Sachwortregister

(S17) $p^2 = 8k + 1$ 6
(S18._) Pythagoreische Primzahlen und pythagoreische Tripel
  (S18.1) Pythagoreische Primzahlen 7
  (S18.2) c = Produkt pythagoreischer Primzahlen 7
  (S18.3) Primfaktoren von c und Clusterlänge 7
(S19)* lim p/q, (Primzahlarten) 9
(S20._) Äquidistante Primzahlgruppierungen, Sonderfälle
  (S20.1) Primzahlpaar mit $\Delta p=1$ 15
  (S20.2) Primzahltrio mit $\Delta p=2$ 15
(S21) Abstände in Primzahlpaaren 18
(S22) Abstände in Trios 19
(S23) Abstände in Quintetten und Sextetten 21
(S24._) Letzte Ziffern
  (S24.1) eines Quintetts 21
  (S24.2) eines Sextetts 21
(S25) Abstände in Septetten, Oktetten, Nonetten und 10er-Gruppierungen 22
(S26) Abstände in 11er- und 12er-Gruppierungen 22
(S27) Abstände in g-Gruppierungen 22
(S28) Teiler 3 in Primzahlpaaren 16
(S29)* Max. Primzahlanzahl äquidistanter Gruppierungen 22
(S30)* Max. Abstand äquidistanter Gruppierungen 11
(S31) Summe von Primzahlpaaren 35
(S32) Summe von Primzahlpaaren 35
(S33) Summe von Primzahlpaaren 35
(S34) Summe von Primzahltrios 36
(S35) Summe von Primzahlquartetten 36
(S36) Summe von Primzahlquintetten 36
(S37) Summe von Primzahlsextetten 36
(S38) Summe von Primzahlseptetten 36
(S40) Primzahlzwillinge $p \equiv 5$ (mod 6) 37
(S41) Allgemeine Formen von Mehrlingen 37
(S42) Größte Mehrlinge, die wiederholt vorkommen 38
(S43) Es existiert 1 eng benachbarte 6er-Gruppe und 1 eng benachbarte 7er-Gruppe 40
(S44) Summe von Zwillingen 42
(S45) Summe von Drillingen 42
(S46) Summe von Vierlingen 42
(S47) Summe von Fünflingen 42
(S48) Ausgeschlossene Formen von Dreiergruppierungen 45
(S49) Einschränkungen für Dreiergruppierungen 46
(S50) Ausgeschlossene Abstände von Vierergruppierungen 47
(S51) Einschränkungen für Vierergruppierungen 47
(S52) Fünfergruppierungen: Teilbarkeit durch 3 49
(S53) Fünfergruppierungen: Teilbarkeit durch 5 49

(S54_) Fünfergruppierungen: Teilbarkeit durch 5
  (S54a) $d \equiv r$ (mod 5) 50
  (S54b) $\Delta p \equiv s$ (mod 5) 50
(S55) Fünfergruppierungen: $d \equiv r$ (mod 5) 50
Teilbarkeitsprüfung 5
Septett(e). *Siehe* **Primzahlseptett(e)**
Sextett
  letzte Ziffer aller sechs Primzahlen 21
Sextett(e). *Siehe auch* **Primzahlsextett(e)**
Symbol für
  Fakultät 4
  kongruent 4
  modulo 4
  Primzahlfunktion 4
  teilt 4
  Zahlenmengen 4

T

Teiler 4
Trio(s). *Siehe* **Primzahltrio(s)**

V

Vierergruppierungen
  allgemeine Form 47
  Einschränkungen 47
    aufgrund der Endziffer 5 47
    aufgrund von Teilbarkeit durch 3 47
  Zählung 48
Vierling(e). *Siehe* **Primzahlvierling(e)**

W

Wilson
  Satz von W. 5

Z

Zahl
  Primzahl
    Definition 4
  zusammengesetzte Z.
    Definition 4
Zahlenmengen
  Symbole 4
Zählung
  Primzahlgruppierungen
    äquidistante P. 30
Ziffern
  Letzte Z. von 2^n 6
  Letzte Z. von 3^n 6
  Letzte Z. von 5^n 6
Zwilling(e). *Siehe* **Primzahlzwilling(e)**